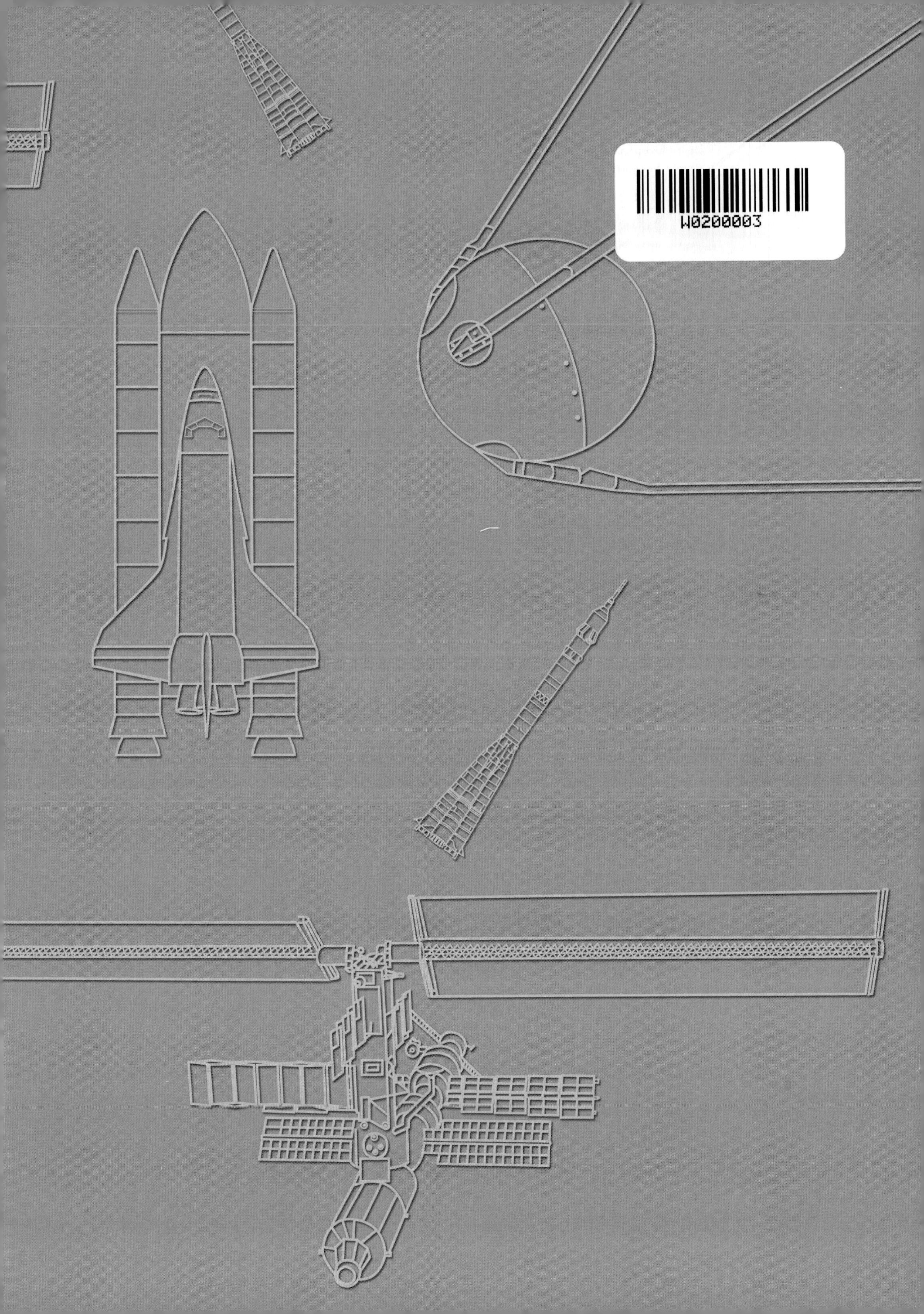

W0200003

VOIR LES SCIENCES

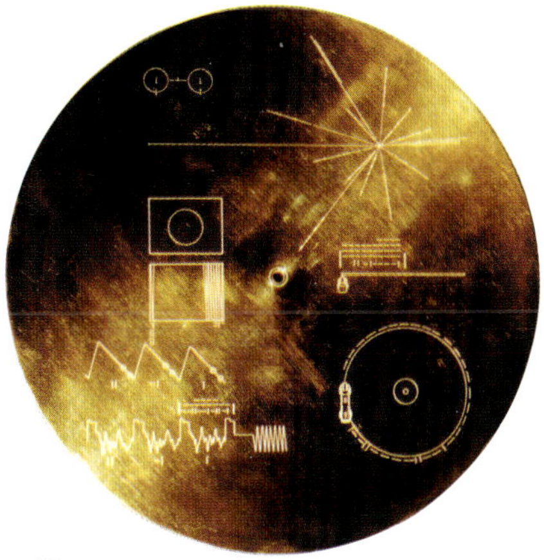

La conquête spatiale

S. GRACIEUX & L. SALÈS

BBC FLEURUS Cité de l'espace
www.editionsfleurus.com

Texte : Serge Gracieux et Laure Salès
Conception graphique de la collection : Studio Bosson
Adaptation graphique et réalisation : Les PAOistes
Contribution rédactionnelle et index : Valérie Balland-Brizoual

Film *Voyage autour du Soleil* : BBC
Prémastering : DVD Maker

Direction éditoriale : Christophe Savouré
Direction du développement : Nicolas Ragonneau
Direction de création : Laurent Quellet
Direction artistique : Armelle Riva et Isabelle Mayer
Édition : Elodie Lépine
Fabrication : Thierry Dubus et Marie Guibert

Un grand merci à Claire Farris pour son aide précieuse.

© 2007 Groupe Fleurus
15-27 rue Moussorgski, 75018 Paris
Dépôt légal : septembre 2007
ISBN : 978-2-215-05467-2
N° d'édition : 93944
1re édition

Photogravure : Turquoise
Achevé d'imprimer sur les presses de l'imprimerie Proost (Belgique).
Loi n° 49-956 du 16 juillet 1949 sur les publications destinées à la jeunesse.

Petit mode d'emploi...

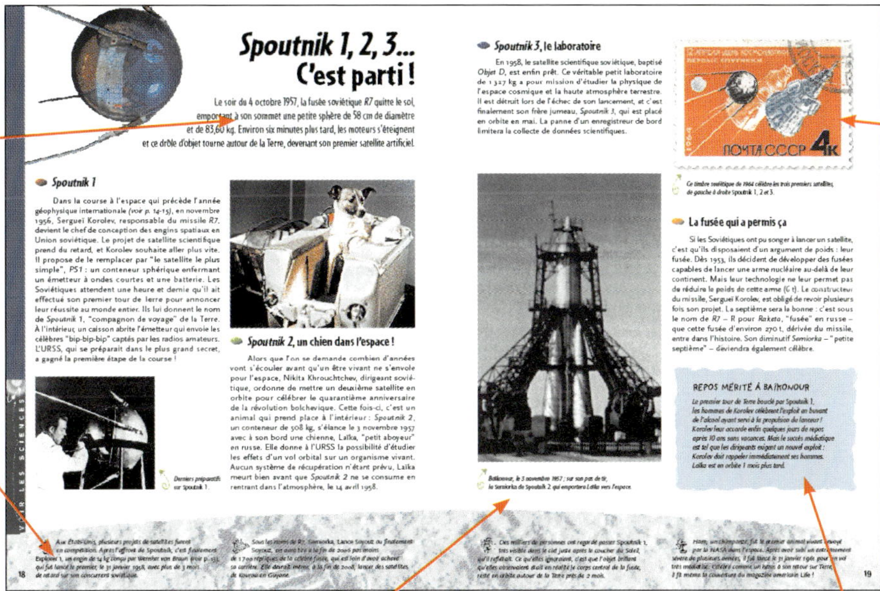

Spoutnik 1, 2, 3... C'est parti !

Le soir du 4 octobre 1957, la fusée soviétique *R7* quitte le sol, emportant à son sommet une petite sphère de 58 cm de diamètre et de 83,60 kg. Environ six minutes plus tard, les moteurs s'éteignent et ce drôle d'objet tourne autour de la Terre, devenant son premier satellite artificiel.

Spoutnik 1

Dans la course à l'espace qui précède l'année géophysique internationale *(voir p. 14-15)*, en novembre 1956, Sergueï Korolev, responsable du missile *R7*, devient le chef de conception des engins spatiaux en Union soviétique. Le projet de satellite scientifique prend du retard, et Korolev souhaite aller plus vite. Il propose de le remplacer par "le satellite le plus simple", *PS1* : un conteneur sphérique enfermant un émetteur à ondes courtes et une batterie. Les Soviétiques attendent une heure et demie qu'il ait effectué son premier tour de Terre pour annoncer leur réussite au monde entier. Ils lui donnent le nom de *Spoutnik 1*, "compagnon de voyage" de la Terre. À l'intérieur, un caisson abrite l'émetteur qui envoie les célèbres "bip-bip-bip" captés par les radios amateurs. L'URSS, qui se préparait dans le plus grand secret, a gagné la première étape de la course !

Derniers préparatifs sur Spoutnik 1.

Spoutnik 2, un chien dans l'espace !

Alors que l'on se demande combien d'années vont s'écouler avant qu'un être vivant ne s'envole pour l'espace, Nikita Khrouchtchev, dirigeant soviétique, ordonne de mettre un deuxième satellite en orbite pour célébrer le quarantième anniversaire de la révolution bolchevique. Cette fois-ci, c'est un animal qui prend place à l'intérieur : *Spoutnik 2*, un conteneur de 508 kg, s'élance le 3 novembre 1957 avec à son bord une chienne, Laïka, "petit aboyeur" en russe. Elle donne à l'URSS la possibilité d'étudier les effets d'un vol orbital sur un organisme vivant. Aucun système de récupération n'étant prévu, Laïka meurt bien avant que *Spoutnik 2* ne se consume en rentrant dans l'atmosphère, le 14 avril 1958.

Spoutnik 3, le laboratoire

En 1958, le satellite scientifique soviétique, baptisé *Objet D*, est enfin prêt. Ce véritable petit laboratoire de 1 327 kg a pour mission d'étudier la physique de l'espace cosmique et la haute atmosphère terrestre. Il est détruit lors de l'échec de son lancement, et c'est finalement son frère jumeau, *Spoutnik 3*, qui est placé en orbite en mai. La panne d'un enregistreur de bord limitera la collecte de données scientifiques.

Baïkonour, le 3 novembre 1957 ; sur son pas de tir, la Semiorka de Spoutnik 2 qui emportera Laïka vers l'espace.

Ce timbre soviétique de 1964 célèbre les trois premiers satellites, de gauche à droite Spoutnik 1, 2 et 3.

La fusée qui a permis ça

Si les Soviétiques ont pu songer à lancer un satellite, c'est qu'ils disposaient d'un argument de poids : leur fusée. Dès 1953, ils décident de développer des fusées capables de lancer une arme nucléaire au-delà de leur continent. Mais leur technologie ne leur permet pas de réduire le poids de cette arme (6 t). Le constructeur du missile, Sergueï Korolev, est obligé de revoir plusieurs fois son projet. La septième sera la bonne : c'est sous le nom de *R7* – R pour *Raketa*, "fusée" en russe – que cette fusée d'environ 270 t, dérivée du missile, entre dans l'histoire. Son diminutif *Semiorka* – "petite septième" – deviendra également célèbre.

REPOS MÉRITÉ À BAÏKONOUR

Le premier tour de Terre bouclé par Spoutnik 1, les hommes de Korolev célèbrent l'exploit en buvant de l'alcool ayant servi à la propulsion du lanceur ! Korolev leur accorde enfin quelques jours de repos après 10 ans sans vacances. Mais le succès médiatique est tel que les dirigeants exigent un nouvel exploit : Korolev doit rappeler immédiatement ses hommes. Laïka est en orbite 1 mois plus tard.

18 19

Un **texte introductif** ouvre la double page sur le thème abordé.

Une **frise**, déroulée sur l'ensemble du livre, apporte des informations anecdotiques en rapport avec la double page.

Des **photos** et des **dessins** illustrent le sujet.

Des **légendes** permettent de replacer les documents dans leur contexte.

Des **encadrés** proposent un éclairage particulier sur un thème précis.

Les photos portant le logo DVD sont extraites du DVD *Voyage autour du Soleil*.

L'astérisque (*) signale les mots expliqués dans le **lexique** lors de leur première apparition sur une double page.

Les **pictogrammes** de la frise aident à identifier la nature de l'information :

- *Chiffres et records*
- *Futur*
- *Culture*
- *Phénomènes naturels*
- *Techniques et technologie*
- *Hommes et peuples*
- *Histoire des sciences*

Sommaire

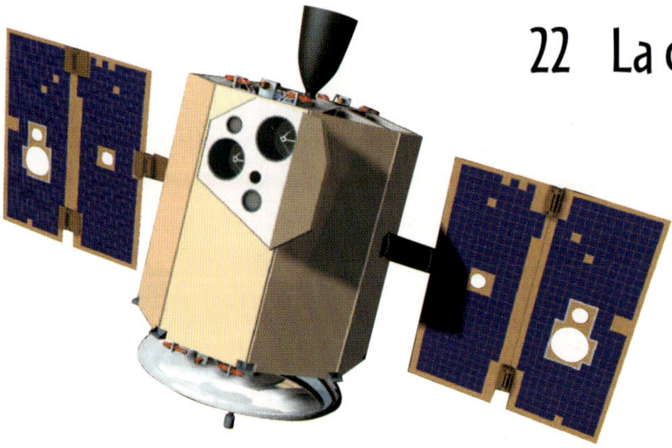

Tout ce qui brille n'est pas étoile

En tournant son regard vers le ciel, un observateur bien équipé du début du XXIe siècle apercevra peut-être parmi les astres, planètes ou étoiles, de curieux objets à l'éclat métallique et aux formes irrégulières, envoyés là-haut pour y remplir quelque mystérieuse mission...

Le lanceur-fusée
Plus souvent appelés fusées *(voir p. 17)*, les lanceurs sont utilisés pour expédier des objets dans l'espace. Satellite, vaisseau spatial, module de station orbitale ou sonde d'exploration, on trouve de tout sous leur coiffe, puisque tout ce qui part vers l'espace doit passer par là !
Ci dessous : lancement de la sonde Cassini *par la fusée* Titan IVB *(1997).*

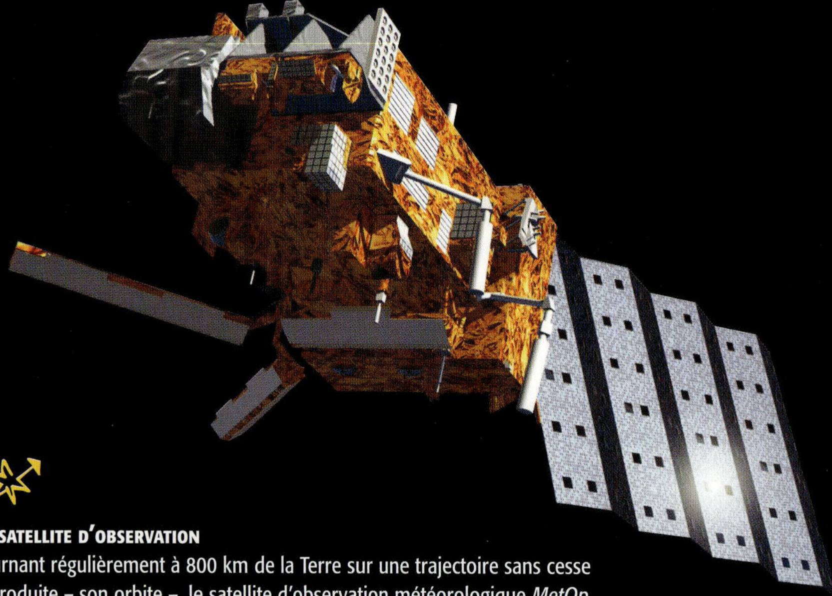

Le satellite d'observation
Tournant régulièrement à 800 km de la Terre sur une trajectoire sans cesse reproduite – son orbite –, le satellite d'observation météorologique *MetOp* observe notre planète ; il transmet par radio aux stations de réception qu'il survole les données permettant de recomposer les fameuses images satellites.

La station orbitale
Ce satellite un peu particulier *(ici la station ISS)* tourne lui aussi sur son orbite autour de la Terre, à 400 km d'altitude environ *(voir p. 40-41)*. Ses modules sont conçus pour pouvoir accueillir en permanence des équipes d'astronautes qui se relaient afin de réaliser des expériences ou d'étudier les effets sur l'homme de la vie dans l'espace.

Au fur et à mesure de la mission du lanceur, ses différents éléments sont largués dans l'espace et la plupart sont détruits par leur rentrée dans l'atmosphère. Hormis la navette (voir p. 36-37), *les lanceurs ne peuvent donc servir qu'une fois !*

Vs = 7,80 km/s : c'est la vitesse de satellisation à 200 km d'altitude, celle que les lanceurs doivent faire atteindre à leur cargaison pour qu'elle ne retombe pas sur Terre, mais se mette en orbite autour de celle-ci.*

Le vaisseau spatial
Ce "taxi de l'espace" s'apprête à ramener sur Terre une équipe de cosmonautes. Quelques jours plus tôt, il a été lancé par une fusée. Bien à l'abri sous sa coiffe, le vaisseau *Soyouz* transportait à son bord une deuxième équipe de cosmonautes qui s'est installée dans la station *ISS* pour relayer la première.

UN SATELLITE "NATUREL"

En orbite autour de la Terre à 450 000 km d'altitude, la Lune n'a pas été placée là par une fusée, mais sans doute à cause d'une collision entre la Terre et un astéroïde. Gros comme la planète Mars, celui-ci aurait percuté notre planète peu après sa formation. Les débris du choc se seraient mis en orbite autour de la Terre puis agglomérés pour former l'astre le plus brillant de nos nuits.

Le satellite géostationnaire
Sur une orbite à 36 000 km de la Terre, ce satellite *(en photo Météosat Seconde Génération)* tourne "en même temps" qu'elle ; il fait donc toujours face au même continent. Pratique pour observer la course des masses nuageuses ou pour relayer des émissions de télévision !

La sonde d'exploration
Lancée quelques mois ou quelques années auparavant par une fusée, elle a reçu une vitesse suffisante pour échapper à l'attraction* terrestre et poursuivre sa trajectoire en direction des planètes lointaines *(voir p. 58-59)*.
Ci-dessus : vue d'artiste de la sonde Genesis, *partie en 2001 capturer des parcelles de "vent solaire".*

Dans le ciel nocturne, les satellites se distinguent des astres par leur déplacement régulier et relativement rapide, et des avions par l'absence des feux de position rouges que ceux-ci portent sur leurs ailes.

Depuis le début de la conquête spatiale en 1957, 4 000 objets au moins ont été expédiés dans l'espace. Cinquante ans plus tard, en 2007, pour les seules télécommunications, on compte 400 satellites opérationnels en orbite autour de la Terre.

Rêves de voyage

La contemplation du ciel et des astres a toujours inspiré les hommes. Dès les premiers récits de voyages spatiaux, les moyens imaginés par les conteurs pour expédier leurs personnages dans l'espace se révèlent multiples et inattendus.

Contes philosophiques

La Lune est le principal objectif des premiers envols littéraires : dans le ciel nocturne, elle seule paraît assez grande pour accueillir les hommes ! Dès l'Antiquité, Lucien de Samosate, avocat et écrivain, imagine un voyage vers la Lune... en bateau ! Dans ce conte considéré parfois comme le premier récit de "science-fiction", un navire pris dans une tempête emporte ses passagers jusqu'à notre voisine. Plus tard, au XVIIe siècle, Savinien de Cyrano de Bergerac, reprenant le même thème, invente le plus poétique des moyens de transport : un char soulevé par l'évaporation de la rosée, qui s'envolerait ainsi jusqu'à la Lune...

Entre rêve et réalité

Au fil du temps, les fictions s'adaptent à l'évolution des connaissances et des techniques. Après avoir énoncé les lois physiques qui régissent les mouvements des planètes, Johannes Kepler, astronome allemand du XVIIe siècle, écrit un livre de science-fiction, *Somnium*, dans lequel il expose des hypothèses scientifiques très en avance sur leur temps. Il est ainsi le premier à avoir l'intuition du "vide" spatial entre la Terre et la Lune. De son côté, inspiré par les récentes découvertes dans le domaine de l'électricité, Louis-Guillaume de la Folie écrit, à la fin du XVIIIe siècle, *Le philosophe sans prétention*. Dans cet ouvrage, il imagine la visite sur Terre d'un savant venu de Mercure dans un vaisseau à propulsion électrique.

Page de garde de la première édition anglaise du roman de Cyrano de Bergerac, Les États et Empires de la Lune et du Soleil.

Savinien de Cyrano de Bergerac a vraiment existé. C'est un écrivain français, contemporain de Molière, dont Edmond Rostand s'est inspiré en 1897 pour sa pièce de théâtre Cyrano de Bergerac.

Passionné par toutes les techniques modernes, Jules Verne donne au héros de ses aventures lunaires le nom de Michel Ardan, anagramme de Nadar, son ami, qui fut un pionnier de la photographie aérienne... en ballon !

Gravure sur bois illustrant le chapitre XIX de *De la Terre à la Lune* de Jules Verne.

Prémonition ou influence ?

En 1865 et 1869, Jules Verne publie ses célèbres romans d'anticipation, ainsi qu'on les appelle à l'époque : *De la Terre à la Lune* et *Autour de la Lune*. Départ situé en Floride, voyage en obus, orbites autour de notre satellite et retour dans l'océan... On ne peut que rapprocher ces aventures de celles vécues un siècle plus tard par les astronautes des missions *Apollo* !

De la Lune à Mars

En 1877, les positions respectives de la Terre et de Mars fournissent des conditions d'observation très exceptionnelles de cette dernière, et tous les télescopes terrestres se tournent vers la planète rouge. Un astronome italien, Giovanni Schiaparelli, y repère des structures rectilignes qu'il appelle *canali*. Ce mot, qui signifie "rivières" en italien, a été improprement traduit par le terme "canaux", évoquant la présence d'une civilisation capable de les avoir creusés... Un astronome fortuné, Percival Lowell, fait même construire en Arizona un télescope consacré à l'étude et à la cartographie des fameux canaux ! Le mythe des martiens est né, si productif pour la littérature et le cinéma de science-fiction... Les auteurs imaginent des civilisations extraterrestres plus évoluées que la nôtre, qui rendraient visite aux terriens grâce à des vaisseaux issus d'une technologie d'avant-garde, les fameuses soucoupes volantes.

On a longtemps pensé que les hommes finiraient eux aussi par se déplacer en soucoupe volante, comme ici dans le film de science-fiction Planète interdite *sorti en 1957.*

Astronome, contemporain de J. Verne, Camille Flammarion publia de nombreux ouvrages de vulgarisation et d'astronomie populaire, dont La Planète Mars et ses conditions d'habitabilité, *dans lequel il reprend l'hypothèse que la planète rouge serait peut-être habitée. Son nom a été donné à l'un des cratères de Mars.*

Science fiction *est un mot anglais né à la fin du XIXe siècle. En France, le terme "science-fiction", abrégé par la suite S.F., s'impose dans les années 1950. Apparue sous forme de romans et de revues, la S.F. a gagné progressivement tous les médias : bande dessinée, cinéma, jeux vidéo...*

Les premières fusées

Bien avant que l'on ne pense à les envoyer dans l'espace, les fusées font leur apparition en Chine : simples pétards, armes de guerre ou féeries lumineuses, leur poudre fera long feu !

Quand les Chinois inventent la poudre

La poudre noire semble être connue des Chinois depuis le VIe siècle. C'est un mélange de soufre et de charbon fortement combustibles, avec une grande proportion de salpêtre très oxydant*. Facile à enflammer, la poudre génère beaucoup de bruit et de fumée, surtout si elle est confinée : contenue dans de petits tubes en carton ou en bambou, elle est utilisée pour fabriquer des pétards que l'on fait exploser pendant les fêtes religieuses.

Des flèches de feu

Au Moyen Âge apparaissent les *fei huo qian* ou "flèches de feu volantes" ; elles sont composées d'une tige supportant un réservoir de poudre dont la combustion produit les gaz qui propulsent la fusée incendiaire. Munie d'ailettes, la tige guide le projectile selon une direction constante. Lors du siège de Kaifeng en 1232, ces flèches enflammées, pourtant plus spectaculaires que nuisibles, permettent aux Chinois de repousser les envahisseurs mongols. La technique se propage ensuite en Corée, en Inde, dans le monde arabe et enfin en Occident.

Les fusées à poudre, une véritable arme de dissuasion !

On appelle du même nom d'artificier la personne qui fabrique et met en place les feux d'artifice, et le militaire chargé du maniement des engins à poudre.

Lors du siège de Seringapatam par les Anglais en 1792, le prince indien de Mysore dispose dans son armée d'un "corps de fusées" de 5 000 hommes. C'est leur efficacité qui convaincra les Anglais de s'intéresser à cet armement.

Toujours plus loin

L'amélioration de la qualité de la poudre augmente la portée des fusées, c'est-à-dire la distance à laquelle elles sont envoyées. On imagine aussi de les lancer à partir d'un cylindre pour affiner leur précision, créant ainsi l'ancêtre du bazooka. Le Britannique sir William Congreve perfectionne encore le procédé en fabriquant des fusées plus grosses, si puissantes qu'elles creusent des cratères dans le sol lors du décollage. Ces fusées incendiaires sont utilisées contre les armées napoléoniennes dans toutes les grandes batailles du début du XIXe siècle, mais les progrès et la précision de l'artillerie relèguent ces armes au second plan pour quelques décennies.

Les Anglais utilisent les fusées de Congreve pour combattre Napoléon.

Feux d'artifice

Les fusées à poudre n'ont pas eu que des usages guerriers : elles ont permis le lancement des feux d'artifice, venus eux aussi de Chine, et qui éclairent bientôt les fêtes données par les cours royales d'Europe. Leur principe repose sur la combustion explosive d'un mélange dérivé de la poudre noire. Jusqu'au XIXe siècle, les lumières des feux d'artifice sont principalement jaunes ou blanches. Aujourd'hui, on ajoute à la poudre des composés métalliques qui, portés à haute température par l'explosion, donnent des spectacles riches en couleurs !

FAUX DÉPART

La légende raconte que, dès 1500, le Chinois Wan Hu tenta de s'envoler vers la Lune grâce à un fauteuil équipé de quarante-sept fusées à poudre, dont l'explosion fit malheureusement disparaître fauteuil et passager ! Il faudra attendre le 15 octobre 2003 pour que la Chine réitère l'exploit avec des moyens plus modernes, devenant la troisième puissance mondiale à envoyer elle-même un homme dans l'espace.

Dans le film d'animation Mulan, l'équipe de Walt Disney fait référence à l'usage ancien des fusées par les Chinois. L'héroïne déclenche une avalanche en allumant une fusée à poudre, et la victoire est fêtée par un superbe feu d'artifice !

La poudre noire, qui a permis l'invention des fusées à poudre, a aussi été responsable de leur déclin. C'est en effet grâce à cette poudre à canon qu'ont pu se développer les armes de l'artillerie.

Vers l'astronautique moderne

Au début du XXe siècle, partout dans le monde, des hommes rêvent de rendre possibles les voyages interplanétaires. C'est de leur patient travail de recherche que naîtra l'astronautique moderne.

Un théoricien très inspiré

En 1903, le professeur russe Konstantine Tsiolkovski, convaincu que seule la propulsion par réaction permettra de voler dans le cosmos, publie *L'Exploration des espaces cosmiques par les engins à réaction*, son œuvre majeure. Il imagine un moteur-fusée capable de propulser un véhicule dans le vide spatial, c'est-à-dire sans aucun appui ni apport extérieur. Pour cela, Tsiolkovski dessine une chambre de combustion à deux combustibles. Il calcule que pour obtenir une poussée suffisante pour se libérer de l'attraction* terrestre, il faut utiliser des propergols liquides *(voir encadrés)*. C'est également lui qui évoque la nécessité de découper la fusée en plusieurs tronçons, afin de bénéficier de l'accélération produite par la poussée des "étages" successifs, sans avoir besoin de "traîner" les tronçons épuisés.

Reconnu comme le père de l'astronautique, Tsiolkovski est né cent ans et un mois avant le lancement du premier satellite. Atteint de surdité, il est ici équipé d'un cornet de sa fabrication.

Un expérimentateur de génie

De l'autre côté de la Terre, Robert Goddard, professeur de physique américain, publie en 1919 *Une méthode pour rejoindre les altitudes extrêmes*. En 1923, il expérimente une chambre de combustion à ergols* liquides. Les travaux de ce scientifique et de son équipe sur la motorisation puis sur la stabilisation leur permettent de mettre au point le premier prototype de fusée à liquides. Le 16 mars 1926, elle fonctionne pendant deux secondes et demie et s'élève jusqu'à 12,50 m d'altitude.

LE PRINCIPE D'ACTION-RÉACTION

Selon ce principe, l'éjection de gaz, de boulets de canon ou de n'importe quel objet pesant dans une direction (action), provoque le recul dans la direction opposée (réaction) de l'appareil qui l'a éjecté. Plus la vitesse d'éjection est grande, plus la poussée dans la direction opposée est forte. Lorsqu'un canon tire un boulet par exemple, le canon recule, comme sur le dessin ci-dessous. De même, un moteur-fusée se déplace dans la direction opposée à celle vers laquelle il éjecte des gaz.

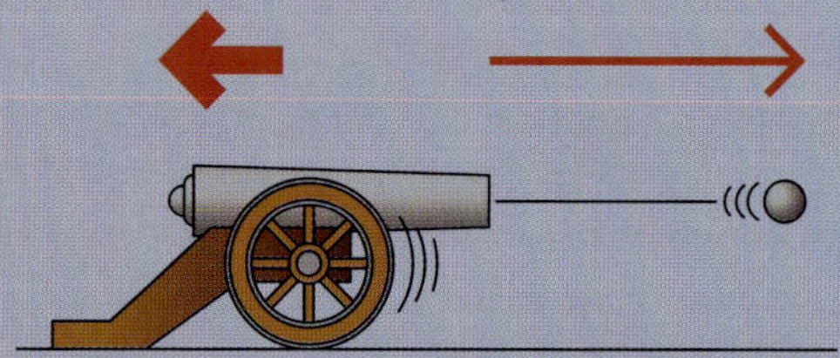

Tsiolkovski n'eut jamais les moyens financiers de mettre ses idées en pratique, mais il tenta de les répandre largement grâce à ses romans de science-fiction. Il est l'auteur de cette célèbre phrase : « La Terre est le berceau de l'humanité, mais l'on ne reste pas éternellement dans son berceau. »

Pendant que les astronomes ont la tête tournée vers les étoiles, on commence à peine à faire quitter le sol à un appareil "plus lourd que l'air" : le premier vol de Clément Ader a lieu en France, en 1890. Trois ans plus tard, aux États-Unis, les frères Wright feront voler pendant 12 s le premier avion à moteur.

Goddard surveille sa fusée avant de déclencher la mise à feu.

Pionnier de l'astronautique

À la fin du XIXe siècle, en Roumanie, naît un autre farouche défenseur du vol spatial. Passionné par la lecture des romans d'anticipation de Jules Verne, Hermann Oberth fait ses études à l'université de Munich et présente en 1923 une thèse de doctorat : *La Fusée dans les espaces interplanétaires*. Ses calculs le mènent aux mêmes conclusions que Tsiolkovski, et il teste en 1930 un moteur à combustible liquide. Il fonde la Société pour les voyages spatiaux et rassemble autour de lui un groupe d'amateurs de fusées et d'ingénieurs. Parmi eux figure le jeune Wernher von Braun, futur concepteur du *V2* *(voir p. 14-15)* et de la fusée américaine *Saturn 5*.

ERGOLS, PROPERGOLS ET CIE

Quand une voiture roule, pour brûler son carburant, son moteur utilise l'oxygène contenu dans l'air (comburant) : c'est l'air ambiant qui fournit l'oxygène nécessaire à la combustion. Le moteur-fusée, lui, fonctionne dans le vide spatial ; il ne peut donc pas compter sur les ressources du milieu extérieur. Il doit avoir à sa disposition, dans ses réservoirs, carburant et comburant, que l'on regroupe sous le terme d'ergols. Comme ces ergols sont destinés à la propulsion de la fusée, on les appelle propergols !

Pour prouver l'efficacité de la propulsion par réaction, Tsiolkovski se livra à une expérience. Ayant gagné en barque le milieu d'un lac, il demanda à son assistant de cesser de ramer, puis ils lancèrent à l'opposé de la rive des pierres embarquées à cet effet. L'éjection des pierres les repoussa par réaction vers le rivage.

Le journal américain The New York Times *critiqua violemment les publications de R. Goddard, et ne se rétracta qu'en 1969, 12 ans après le tir de Spoutnik : « Il est maintenant certain qu'une fusée peut fonctionner aussi bien dans le vide que dans l'atmosphère. Le* Times *regrette son erreur. »*

Des missiles aux lanceurs

Dans un contexte international tendu, les recherches sur les vols spatiaux intéressent de plus en plus les militaires. La Seconde Guerre mondiale puis la guerre froide amènent ces derniers à prendre conscience des possibilités offertes par le développement des fusées.

Décollage en 1942, depuis le centre de Peenemünde, d'une des premières fusées V2.

Le *V2*, l'ancêtre funeste

Dans le centre d'essais secret de Peenemünde en Allemagne, des recherches sont conduites depuis 1937 sur des bombes volantes capables d'atteindre leur cible sans pilote. Wernher von Braun, directeur du centre, met au point le *V2*, premier missile balistique à longue portée. Propulsé par un moteur-fusée à alcool et à oxygène liquide *(voir p. 12-13)*, il peut emporter une charge explosive d'environ 1 t. Après une phase d'accélération qui lui permet de s'élever à près de 100 km d'altitude, la phase de vol balistique le fait retomber en chute libre sur sa cible, jusqu'à 350 km de distance du point de tir. Opérationnels en 1944, ces missiles sont construits en série dans des conditions inhumaines par les prisonniers du camp de concentration de Dora-Mittelbau. Ils serviront à pilonner notamment les villes de Londres et d'Anvers ; leur fabrication fera au moins autant de morts que leur utilisation.

Wernher von Braun (ici avec le bras plâtré) intègre l'armée américaine en 1945.

Une unité propulsive de V2 produite dans les souterrains du camp de Dora-Mittelbau, photographiée en 1944.

Le démantèlement

Dès 1944, les États-Unis et l'URSS comprennent l'importance des missiles mis au point par les Allemands. Tout est entrepris à la fin de la guerre pour accaparer ce matériel et les ingénieurs capables de l'exploiter. Beaucoup de "cerveaux", dont Wernher von Braun lui-même, sont transférés par les Américains à l'occasion de l'opération *Paperclip*, tandis que les Soviétiques qui occupent les installations de Peenemünde y récupèrent matériel et prototypes.

Lorsque Hergé dessine, sur la fusée lunaire de Tintin, les fameux carreaux rouges et blancs, il s'inspire en réalité du damier noir et blanc peint sur le fuselage des V2, qui permettait aux techniciens de contrôler visuellement si la fusée tournait sur elle-même pendant la phase de montée.

La lettre V du V2 aurait pu être l'initiale du mot allemand Versuch, *qui veut dire "prototype" ; en réalité, il s'agit de celle de* Vergeltung, *qui signifie "représailles", l'arme ayant été utilisée en réponse aux bombardements des villes allemandes par les Alliés.*

Rebaptisés R-2A en URSS ❶ ou Bumper V2 aux États-Unis ❷, les premiers missiles sont directement issus des V2 allemands.

Les descendants du *V2*

De chaque côté de l'Atlantique, la recherche en astronautique sera donc l'héritière de ce premier missile. Dans le contexte de guerre froide* qui opposera les deux géants, le besoin de concevoir des missiles susceptibles de porter des bombes chez l'adversaire va longtemps dominer. Mais l'idée de placer des satellites autour de la Terre et d'y envoyer des hommes grâce aux lanceurs dérivés de ces missiles va peu à peu faire son chemin...

Timbre édité en 1958 par la poste des États-Unis pour commémorer l'année géophysique internationale.

L'année géophysique internationale

En 1952, le monde scientifique décide que l'année géophysique internationale se déroulera du 1er juillet 1957 au 31 décembre 1958. Pendant cette période, qui correspond à une activité solaire maximale, on étudiera de manière globale la haute atmosphère et l'environnement terrestre à l'aide de fusées météorologiques et géophysiques. Le Comité international décide d'inclure un satellite artificiel dans les moyens de recherche. En 1954, les Américains annoncent qu'ils en lanceront un dès 1957. L'année suivante, les Soviétiques font de même. La course à l'espace est lancée. La grande différence entre les deux nations résidera dans le secret qui couvrira toutes les recherches menées en Union soviétique...

Les V1, conçus eux aussi pour lancer des bombes volantes, n'étaient pas des fusées, mais de petits avions sans pilote, porteurs de 500 kg d'explosifs. Leur faible altitude de vol et leur vitesse réduite en firent des armes plus faciles à intercepter et bien moins redoutables que les V2.

Avec son poids de 13 t, ses 14 m de hauteur et son diamètre de 1,70 m, la fusée A4, plus souvent appelée V2, a été le premier véhicule hypersonique de l'histoire, capable d'atteindre la vitesse de 5 000 km/h une minute après son départ.

Vous avez dit fusée...

Par définition, une fusée est un véhicule mis en mouvement par un moteur qui fonctionne indépendamment du milieu extérieur, selon un principe d'action-réaction. Avion, lanceur, feu d'artifice, missile... Qu'est-ce qui est fusée et qu'est-ce qui ne l'est pas ?

Le corps humain ?

T'a-t-on déjà dit que tu étais "rapide comme une fusée" ? La comparaison est flatteuse mais elle a ses limites ! Certes, le corps humain se déplace grâce à un moteur (les muscles) alimenté par une pompe (le cœur), et piloté par un appareil de grande précision (le cerveau). Mais pour avancer, il lui faut prendre appui sur le sol. Par ailleurs, l'organisme, qui agit comme un réservoir, stocke les sucres qui lui servent de combustibles (carburant), mais il est obligé de puiser dans l'air ambiant l'oxygène (comburant) nécessaire pour brûler ces sucres, et fournir aux muscles l'énergie du déplacement.

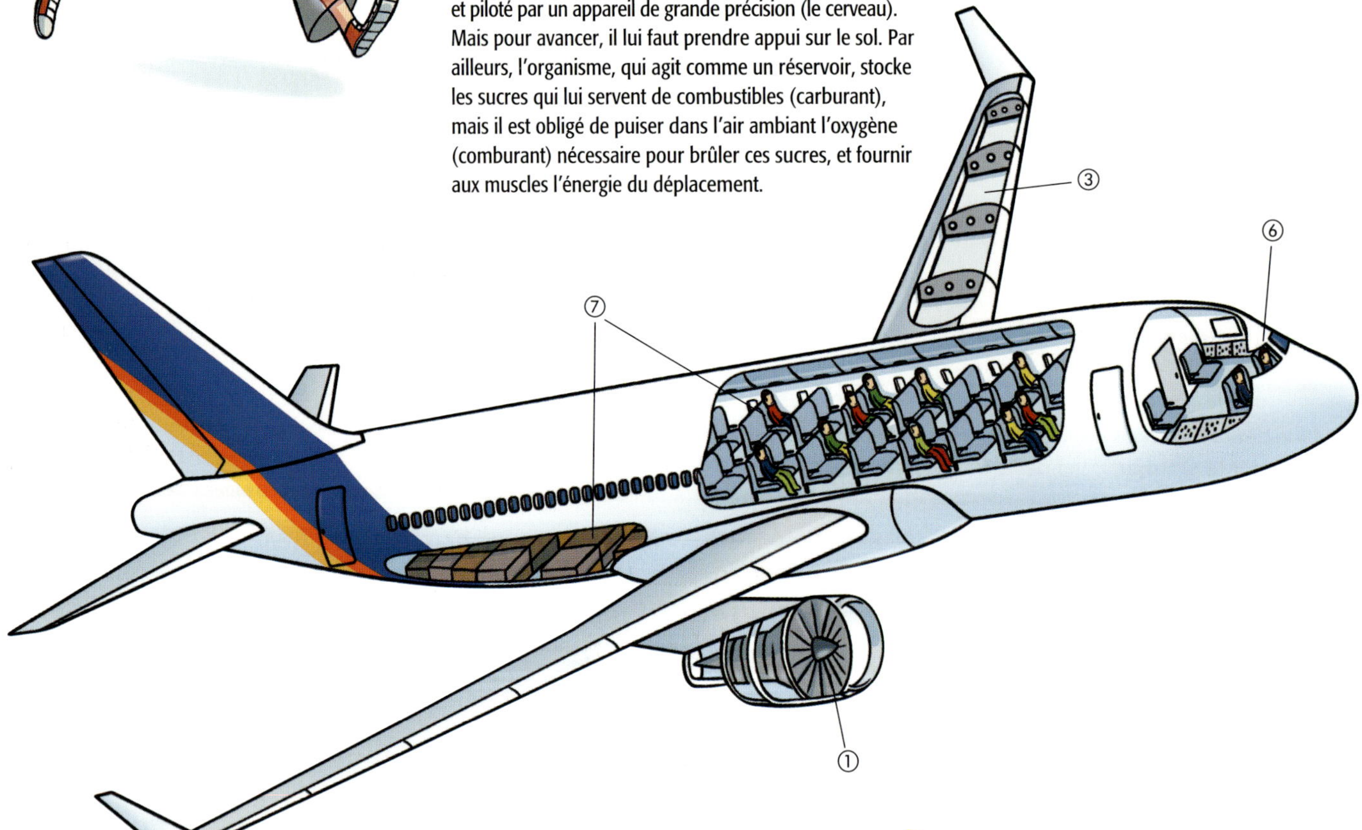

① Moteur
② Tuyère d'accélération des gaz
③ Réservoir de carburant
④ Réservoir de comburant
⑤ Pompe ou turbopompe
⑥ Pilote ou pilote électronique
⑦ Charge utile

L'avion de ligne ?

L'avion se déplace grâce à un moteur alimenté par des pompes qui prélèvent le kérosène (carburant) dans les réservoirs. Mais ce moteur utilise l'oxygène de l'air pour brûler son carburant ; il ne fonctionne donc pas indépendamment du milieu extérieur. En outre, les hélices de ses réacteurs prennent appui sur l'air ambiant pour fonctionner. L'avion de ligne non plus n'est pas une fusée...

La balistique est une science très ancienne, qui étudie la trajectoire des projectiles. Science militaire par excellence, son nom vient de la baliste, machine de guerre antique qui servait à lancer des sortes de javelots.

Les passionnés de vitesse ont très vite compris le parti que l'on pouvait tirer d'un moteur-fusée. Les dragsters, automobiles équipées de ce type de moteur, s'attaquent à faire tomber les records sur circuit devant des supporters enthousiastes.

La flèche de feu des anciens Chinois

Elle se déplace sans aucun appui, par simple réaction. Le petit cylindre contenant la poudre évacue, par son orifice unique, le gaz produit par la combustion totalement autonome de cette poudre noire (*voir p. 10-11*). Celle-ci est composée de soufre et de charbon (carburant), ainsi que de salpêtre, un comburant qui lui fournit l'oxygène.
La flèche de feu est donc bien une fusée ! Elle est cependant très rudimentaire, et son pilotage est uniquement assuré par la lance de bois sur laquelle elle est fixée.

Les missiles balistiques

La trajectoire des missiles balistiques s'effectue en plusieurs phases. La phase d'accélération leur permet de s'éloigner du sol et d'atteindre une grande vitesse ; ils sont alors propulsés par un ou plusieurs moteurs-fusées qui puisent leurs ergols* liquides ou solides dans leurs réservoirs (*voir p. 12-13 et 14-15*), indépendamment du milieu extérieur : ce sont bien des fusées !
Après épuisement des combustibles ou extinction des moteurs, leur trajectoire est uniquement déterminée par leur vitesse (leur élan), l'attraction* terrestre et leur traînée aérodynamique (la résistance du milieu dans lequel ils se trouvent) : c'est la phase balistique.

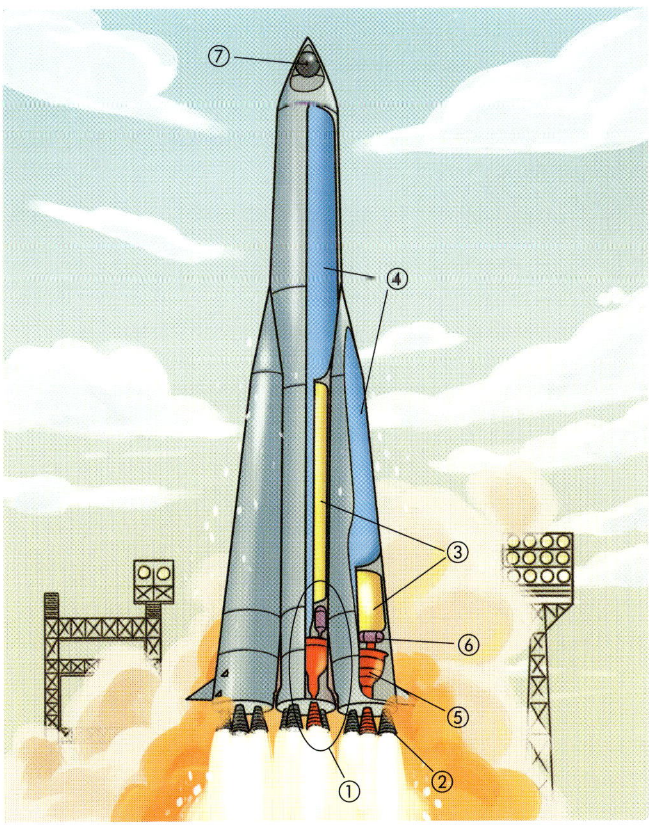

Le lanceur spatial

Dérivés des missiles balistiques, les lanceurs spatiaux ne diffèrent de ces derniers que par leur mission, et donc ce que l'on appelle la "charge utile". Dans le cas des missiles, l'objectif est de transporter une bombe qui doit, à l'issue du vol balistique, "atterrir" sur sa cible. Dans le cas d'un lanceur spatial, la charge utile est composée d'un ou de plusieurs satellites artificiels : la phase d'accélération doit donc conduire à une vitesse suffisante pour compenser exactement l'attraction terrestre, la traînée aérodynamique étant limitée par la raréfaction de l'atmosphère à haute altitude. La phase balistique se poursuit alors indéfiniment en une chute permanente du satellite… autour de la Terre !
Pour obtenir une telle vitesse, il faut additionner la poussée de plusieurs "étages" qui fonctionnent successivement. Ces tronçons peuvent être empilés les uns au-dessus des autres, ou disposés autour d'un corps central, l'étage principal. Les différents éléments du pilotage de la fusée sont entièrement programmés à l'avance.

Les ergols contenus dans la fusée au décollage représentent 85 % de sa masse. C'est donc un gigantesque réservoir qui s'élève dans les airs, avec des moteurs et une structure qui ne représentent que 10 % du poids du lanceur, et une toute petite charge utile qui a tout juste droit aux 5 % restants !

C'est au XVIe siècle que l'Allemand Johann Schmidlap eut l'idée de la fusée à étages pour envoyer plus haut ses feux d'artifice. Une première fusée en propulsait une plus petite, qu'elle allumait et qui en lâchait une troisième… Depuis, le procédé a fait son chemin !

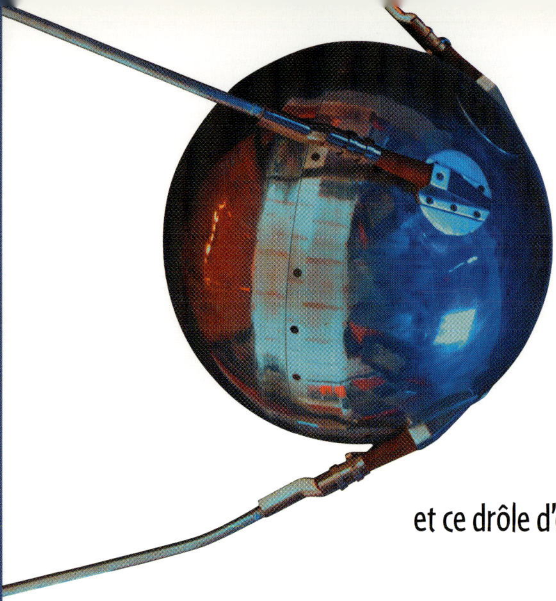

Spoutnik 1, 2, 3... C'est parti !

Le soir du 4 octobre 1957, la fusée soviétique *R7* quitte le sol, emportant à son sommet une petite sphère de 58 cm de diamètre et de 83,60 kg. Environ six minutes plus tard, les moteurs s'éteignent et ce drôle d'objet tourne autour de la Terre, devenant son premier satellite artificiel.

Spoutnik 1

Dans la course à l'espace qui précède l'année géophysique internationale *(voir p. 14-15)*, en novembre 1956, Sergueï Korolev, responsable du missile *R7*, devient le chef de conception des engins spatiaux en Union soviétique. Le projet de satellite scientifique prend du retard, et Korolev souhaite aller plus vite. Il propose de le remplacer par "le satellite le plus simple", *PS1* : un conteneur sphérique enfermant un émetteur à ondes courtes et une batterie. Les Soviétiques attendent une heure et demie qu'il ait effectué son premier tour de Terre pour annoncer leur réussite au monde entier. Ils lui donnent le nom de *Spoutnik 1*, "compagnon de voyage" de la Terre. À l'intérieur, un caisson abrite l'émetteur qui envoie les célèbres "bip-bip-bip" captés par les radios amateurs. L'URSS, qui se préparait dans le plus grand secret, a gagné la première étape de la course !

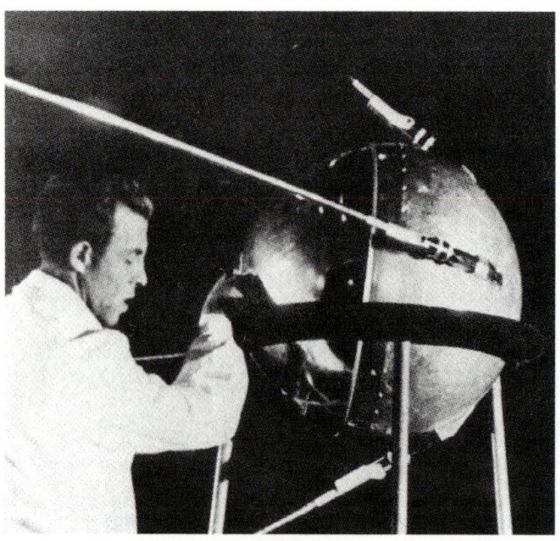

Derniers préparatifs sur Spoutnik 1.

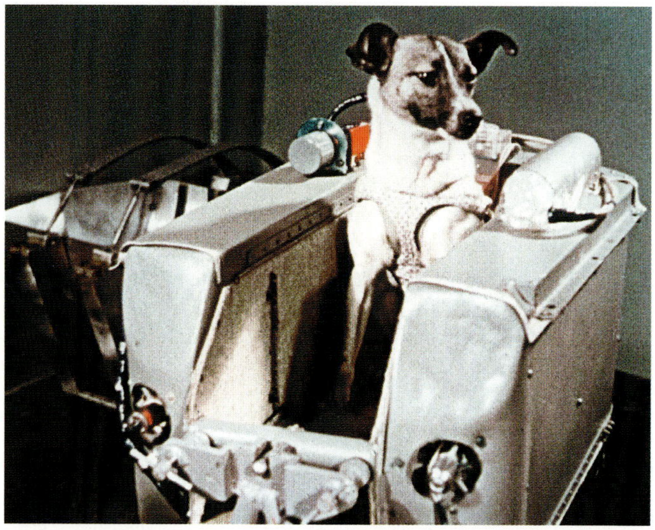

Spoutnik 2, un chien dans l'espace !

Alors que l'on se demande combien d'années vont s'écouler avant qu'un être vivant ne s'envole pour l'espace, Nikita Khrouchtchev, dirigeant soviétique, ordonne de mettre un deuxième satellite en orbite pour célébrer le quarantième anniversaire de la révolution bolchevique. Cette fois-ci, c'est un animal qui prend place à l'intérieur : *Spoutnik 2*, un conteneur de 508 kg, s'élance le 3 novembre 1957 avec à son bord une chienne, Laïka, "petit aboyeur" en russe. Elle donne à l'URSS la possibilité d'étudier les effets d'un vol orbital sur un organisme vivant. Aucun système de récupération n'étant prévu, Laïka meurt bien avant que *Spoutnik 2* ne se consume en rentrant dans l'atmosphère, le 14 avril 1958.

Aux États-Unis, plusieurs projets de satellites furent en compétition. Après l'affront de Spoutnik*, c'est finalement* Explorer 1*, un engin de 14 kg conçu par Wernher von Braun* (voir p. 13)*, qui fut lancé le premier, le 31 janvier 1958, avec plus de 3 mois de retard sur son concurrent soviétique.*

Sous les noms de R7, Semiorka, Lance Soyouz *ou finalement* Soyouz*, on aura tiré à la fin de 2006 pas moins de 1 700 répliques de la célèbre fusée, qui est loin d'avoir achevé sa carrière. Elle devrait même, à la fin de 2008, lancer des satellites de Kourou en Guyane.*

Spoutnik 3, le laboratoire

En 1958, le satellite scientifique soviétique, baptisé *Objet D*, est enfin prêt. Ce véritable petit laboratoire de 1 327 kg a pour mission d'étudier la physique de l'espace cosmique et la haute atmosphère terrestre. Il est détruit lors de l'échec de son lancement, et c'est finalement son frère jumeau, *Spoutnik 3*, qui est placé en orbite en mai. La panne d'un enregistreur de bord limitera la collecte de données scientifiques.

Ce timbre soviétique de 1964 célèbre les trois premiers satellites, de gauche à droite Spoutnik 1, 2 *et* 3.

Baïkonour, le 3 novembre 1957 ; sur son pas de tir, la Semiorka de Spoutnik 2 *qui emportera Laïka vers l'espace.*

La fusée qui a permis ça

Si les Soviétiques ont pu songer à lancer un satellite, c'est qu'ils disposaient d'un argument de poids : leur fusée. Dès 1953, ils décident de développer des fusées capables de lancer une arme nucléaire au-delà de leur continent. Mais leur technologie ne leur permet pas de réduire le poids de cette arme (6 t). Le constructeur du missile, Sergueï Korolev, est obligé de revoir plusieurs fois son projet. La septième sera la bonne : c'est sous le nom de *R7* – R pour *Raketa*, "fusée" en russe – que cette fusée d'environ 270 t, dérivée du missile, entre dans l'histoire. Son diminutif *Semiorka* – "petite septième" – deviendra également célèbre.

REPOS MÉRITÉ À BAÏKONOUR

Le premier tour de Terre bouclé par Spoutnik 1, *les hommes de Korolev célèbrent l'exploit en buvant de l'alcool ayant servi à la propulsion du lanceur ! Korolev leur accorde enfin quelques jours de repos après 10 ans sans vacances. Mais le succès médiatique est tel que les dirigeants exigent un nouvel exploit : Korolev doit rappeler immédiatement ses hommes. Laïka est en orbite 1 mois plus tard.*

Des milliers de personnes ont regardé passer Spoutnik 1, *très visible dans le ciel juste après le coucher du Soleil, qu'il reflétait. Ce qu'elles ignoraient, c'est que l'objet brillant qu'elles observaient était en réalité le corps central de la fusée, resté en orbite autour de la Terre près de 2 mois.*

Ham, un chimpanzé, fut le premier animal vivant envoyé par la NASA dans l'espace. Après avoir subi un entraînement sévère de plusieurs années, il fut lancé le 31 janvier 1961 pour un vol très médiatisé. Célébré comme un héros à son retour sur Terre, il fit même la couverture du magazine américain Life *!*

Pionnier de l'espace

Placer un satellite d'une centaine de kilogrammes en orbite est une chose, envoyer un homme dans l'espace et le faire revenir sain et sauf sur Terre en est une autre. Petite enquête du côté des premiers humains ayant quitté l'atmosphère...

Candidats à l'espace

Face aux succès soviétiques qui s'enchaînent, les Américains réorganisent leur programme spatial. Ils créent la NASA et lancent le projet *Mercury* destiné à envoyer un homme dans l'espace. Comme pour le premier satellite, les Américains montrent tout (ou presque) tandis que les Soviétiques travaillent en secret. Dans les deux pays, une sélection draconienne est menée parmi les pilotes de l'armée. En avril 1959, le public américain découvre les sept candidats à l'espace.

Au même moment, en URSS, vingt hommes sont choisis dans la plus grande discrétion et en mai 1960, six d'entre eux vont effectuer les premiers vols à bord du vaisseau *Vostok* ("Est" en russe). Mais la mise au point des lanceurs est difficile, et les essais se soldent souvent par des échecs. Les Américains choisissent donc de commencer les vols habités par deux tirs balistiques (sans atteindre l'orbite) pour tester leur capsule, avant de tenter le vol orbital annoncé pour le mois de mai 1961.

Les heureux élus du programme Mercury, de gauche à droite : au premier rang W. Schirra, D. Slayton, J. Glenn et S. Carpenter, et au second rang : A. Shepard, V. Grissom et G. Cooper.

Avant le départ de Gagarine, la fusée Semiorka et le vaisseau Vostok ont été testés : il y avait un peu plus d'une chance sur deux (taux de réussite de 56 %) que la fusée fonctionne, et que le vaisseau ramène son passager sain et sauf (60 % de réussite). Le vol n'était donc pas sans risque...

Lors de son retour sur Terre, Gagarine s'est éjecté de sa capsule à 7 km d'altitude pour terminer sa descente en parachute. Ce secret n'a été divulgué que de longues années plus tard : les Soviétiques craignaient que le vol ne soit pas homologué puisque le cosmonaute avait abandonné son vaisseau !

Un nouvel effet de surprise

Le matin du 12 avril 1961, le lieutenant Iouri Gagarine donne l'accolade à Korolev, monte dans l'ascenseur et s'installe dans son vaisseau, *Vostok 1*, sous la coiffe de la fusée *Semiorka*. À 9 h 07, la fusée décolle sous le cri du cosmonaute : « *Poekhali* » (« On y va ! »). Au terme d'un vol de 1 heure et 48 minutes, Gagarine touche le sol. Le monde stupéfait apprend qu'un homme vient d'effectuer un tour de la Terre dans l'espace : Gagarine devient un héros ! Quatre semaines plus tard, les Américains lancent à leur tour leur premier homme pour un "saut de puce" : la fusée projette la capsule d'Alan Shepard qui culmine à 187 km avant de retomber dans l'océan Atlantique. Il est suivi le 21 juillet par Virgil Grissom pour le même vol d'essai.

СОВЕТСКИЙ ЧЕЛОВЕК В КОСМОСЕ!

ЮРИЙ ГАГАРИН: ПРОШУ ДОЛОЖИТЬ ПАРТИИ И ПРАВИТЕЛЬСТВУ И ЛИЧНО НИКИТЕ СЕРГЕЕВИЧУ ХРУЩЕВУ, ЧТО ПРИЗЕМЛЕНИЕ ПРОШЛО НОРМАЛЬНО, ЧУВСТВУЮ СЕБЯ ХОРОШО

ВЕЛИЧАЙШАЯ ПОБЕДА НАШЕГО СТРОЯ, НАШЕЙ НАУКИ, НАШЕЙ ТЕХНИКИ, НАШЕГО МУЖЕСТВА

12 АПРЕЛЯ 1961 ГОДА В 10 ЧАСОВ 55 МИНУТ КОСМИЧЕСКИЙ КОРАБЛЬ-СПУТНИК «ВОСТОК» БЛАГОПОЛУЧНО ВЕРНУЛСЯ НА СВЯЩЕННУЮ ЗЕМЛЮ НАШЕЙ РОДИНЫ

ИЗВЕСТИЯ

СОВЕТОВ ДЕПУТАТОВ ТРУДЯЩИХСЯ СССР

СОВЕТСКОМУ КОСМОНАВТУ, ВПЕРВЫЕ В МИРЕ СОВЕРШИВШЕМУ КОСМИЧЕСКИЙ ПОЛЕТ майору Гагарину Юрию Алексеевичу

Gagarine fait la une de la presse après son exploit.

Vostok 1 *à l'atterrissage.*

SUR TERRE OU DANS L'EAU

Outre la forme de la capsule, sphérique pour les Soviétiques et conique pour les Américains, se pose la question du lieu du retour. Les Soviétiques choisissent, pour des raisons politiques, de faire revenir les cosmonautes sur leur territoire, dans les steppes désertiques du Kazakhstan. Les Américains optent pour l'océan, qui couvre plus de 70 % de la planète.

Alan Shepard est récupéré au large de cap Canaveral après son vol, le 5 mai 1961.

Un jour dans le cosmos

Alors qu'aucun Américain n'a encore fait le tour de la Terre, *Vostok 2* prend la route de l'espace le 6 août 1961, avec à son bord Gherman Titov. Il s'agit d'étudier les effets de l'impesanteur sur le corps humain, et de vérifier les résultats obtenus lors des vols d'essais effectués par des animaux. Titov oriente pour la première fois son vaisseau manuellement, et le 7 août au matin, il se pose en URSS après 25 heures et 18 minutes de vol, le temps de faire dix-sept fois le tour de la Terre.

Gherman Titov, deuxième cosmonaute de l'histoire, détient encore en 2007 le record du plus jeune homme envoyé dans l'espace : il avait moins de 26 ans lors de son premier et unique vol dans le cosmos.

Le film L'Étoffe des héros, *sorti en 1983, retrace l'aventure des pilotes d'essai américains candidats à l'espace. Dans la plus pure tradition américaine, ces nouveaux pionniers de la "frontière" spatiale entreront dans la légende des États-Unis.*

La course à la Lune

De chaque côté de la Terre, les programmes lunaires se mettent en place.
Pour atteindre cet objectif, vaisseaux soviétiques et américains vont se succéder dans l'espace et faire trembler le public au fil des grandes premières.

Le défi

En 1959, les sondes soviétiques *Luna* survolent la Lune (*Luna 1*), la percutent (*Luna 2*) et photographient sa face cachée (*Luna 3*). De son côté, la NASA développe une famille de très grands lanceurs : les *Saturn*. Humiliée en avril 1961 par le vol de Gagarine, l'Amérique veut reprendre la suprématie spatiale sur les Soviétiques. Le 25 mai 1961, le président J. F. Kennedy prononce le discours qui va engager les États-Unis dans un nouveau défi : « Notre pays doit se vouer tout entier à cette entreprise : faire atterrir un homme sur la Lune et le ramener sain et sauf sur la Terre avant la fin de cette décennie. » Mais tout reste à imaginer, à construire, à tester...

Tours de Terre

John Glenn s'installe dans sa capsule.

En février 1962, John Glenn décolle à bord de la capsule *Mercury* surnommée *Friendship 7*. Il devient le premier astronaute américain à effectuer trois tours de Terre, suivi en mai par Scott Carpenter ; l'Amérique est soulagée. En août, les Soviétiques marquent un nouveau point en lançant deux vaisseaux en moins de 24 heures ; *Vostok 3* rentre sur Terre après soixante-quatre orbites et plus de 94 heures de vol. Le dernier vol de *Mercury*, *Faith 7*, est lancé en mai 1963, tandis que Bykovsky effectue, à bord de *Vostok 5*, un vol de presque 5 jours.

Terechkova : nom de code "la mouette"

Le 16 juin 1963, c'est une femme qui décolle d'URSS avec *Vostok 6*. À la demande des dirigeants soviétiques, la sélection d'un groupe de femmes cosmonautes a été lancée en janvier 1962. Cinq d'entre elles ont subi un entraînement d'un an, et 12 jours avant son vol, Valentina Terechkova apprend qu'elle est l'heureuse élue. Comme pour Gagarine, le choix de Terechkova est principalement lié à son origine ouvrière, propagande oblige !

En août 1982, Svetlana Savitskaïa devient la deuxième femme à voyager dans le cosmos, 19 ans après Valentina Terechkova, qui reste à ce jour l'unique femme à avoir effectué un vol spatial en solo. Deux ans plus tard, Savitskaïa réalise la première sortie extravéhiculaire... féminine !

Au terme de sa première sortie dans l'espace, le scaphandre de Leonov gonfle dans le vide, l'empêchant de rentrer par l'étroite porte du sas de dépressurisation. Il parvient cependant à dégonfler son scaphandre en évacuant un peu d'air par une valve, et à rejoindre la cabine...*

Voskhod et Gemini entrent en scène

Voskhod 1, vaisseau soviétique issu du *Vostok*, effectue en octobre 1964 le premier vol avec trois personnes à bord. Avec *Voskhod 2*, Alekseï Leonov réalise, le 18 mars 1965, la première sortie dans l'espace : il s'éloigne jusqu'à 5 m de la cabine à laquelle il reste relié par un filin. Dérivé de son prédécesseur *Mercury*, le vaisseau américain *Gemini* permet d'accueillir deux hommes en scaphandre. Dix missions pilotées s'enchaînent avec succès, grâce auxquelles les États-Unis mettent au point les techniques nécessaires au débarquement lunaire : rendez-vous orbital, sorties et travaux dans l'espace, changements d'orbite... Tandis que la NASA rattrape petit à petit son retard sur l'URSS, les Soviétiques déposent la première sonde sur la Lune – *Luna 9* – en février 1966.

1967, ANNÉE CATASTROPHE

En janvier 1967, au retour de Gemini 12, *la NASA n'a plus que 3 ans pour remporter le pari de Kennedy. Les choses vont vite, trop vite peut-être. Lors d'une répétition au premier vol d'*Apollo 1, *le feu détruit l'intérieur de la capsule et tue les trois membres de l'équipage. Le programme doit être totalement révisé et il faudra attendre 18 mois avant le vol* Apollo 7. *En avril de la même année, le premier essai du nouveau vaisseau soviétique* Soyouz *se termine par une catastrophe, tuant son unique passager à l'atterrissage.*

En décembre 1965, le rendez-vous entre Gemini 6 *et* Gemini 7 *permet d'obtenir la première photo d'un vaisseau dans l'espace !*

Dans les années 1960, la tension entre l'URSS et les États-Unis dépasse largement le domaine spatial. En août 1961, un mur est construit pour séparer Berlin-Ouest, sous mandat international, et Berlin-Est qui fait partie du bloc soviétique. En 1962, avec la crise de Cuba, le monde frôle la guerre nucléaire.

Peu avant son vol, Valentina Terechkova aurait prononcé les mots suivants : « Bon, je vais faire un tour dans le cosmos et puis voilà. » À son retour, la cosmonaute, adulée, entame un tour du monde au cours duquel elle reçoit les acclamations de la foule. Elle ne s'attendait pas à tant de ferveur !

Objectif Lune

Puisqu'il est impossible de se rendre sur la Lune d'un simple bond, fut-il celui d'une fusée, il faut concevoir le voyage étape par étape avant d'y envoyer des hommes. En Amérique, ce sera le programme *Apollo*. Compte-rendu d'un débriefing à la NASA...

Après le décollage ① et le largage du 1er et du 2e étage ②, le voyage commencera par la mise en orbite terrestre du 3e étage du lanceur ③. Après un tour et demi de Terre, il sera rallumé ④ pour prendre le chemin de la Lune. Trois heures après le lancement, la capsule (CM) et son module de service (SM) s'éloigneront ⑤, feront demi-tour ⑥, reviendront se connecter ⑦ et extraire le module lunaire (LM) du 3e étage, qui poursuivra son vol, seul et vide ⑧... Trois jours plus tard, le train spatial *Apollo* passera derrière la Lune, et allumera le moteur du module de service pour ralentir et se placer en orbite lunaire à 110 km d'altitude ⑨. Le lendemain, deux des trois astronautes s'installeront dans le module lunaire, le détacheront du train spatial et allumeront son moteur pour ralentir de nouveau et entamer la descente ⑩ ⑪. Deux heures plus tard, le LM se posera ; les astronautes seront enfin sur la Lune ⑫ ! Leur mission lunaire terminée, les deux hommes remonteront dans la partie supérieure du module. Son étage inférieur servira alors de plate-forme de lancement à la partie habitable ⑬. Celle-ci rejoindra la capsule *Apollo* (CSM) restée en orbite ⑭. Les astronautes transfèreront les roches, les photos et autres résultats de leur mission, et prendront place dans la capsule avant de larguer le reste du module lunaire ⑮. Puis, le moteur du SM sera rallumé derrière la Lune afin d'atteindre une vitesse lui permettant de quitter son orbite. À l'approche de la Terre, la capsule abandonnera le module de service ⑯ avant de rentrer dans l'atmosphère ⑰ à près de 40 000 km/h. Trente minutes plus tard, freinée par ses parachutes ⑱, elle touchera enfin l'océan Pacifique.

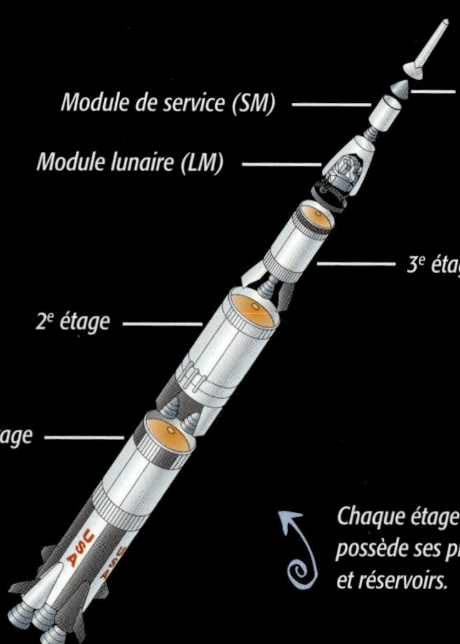

Chaque étage de la fusée Saturn 5 *possède ses propres moteurs et réservoirs.*

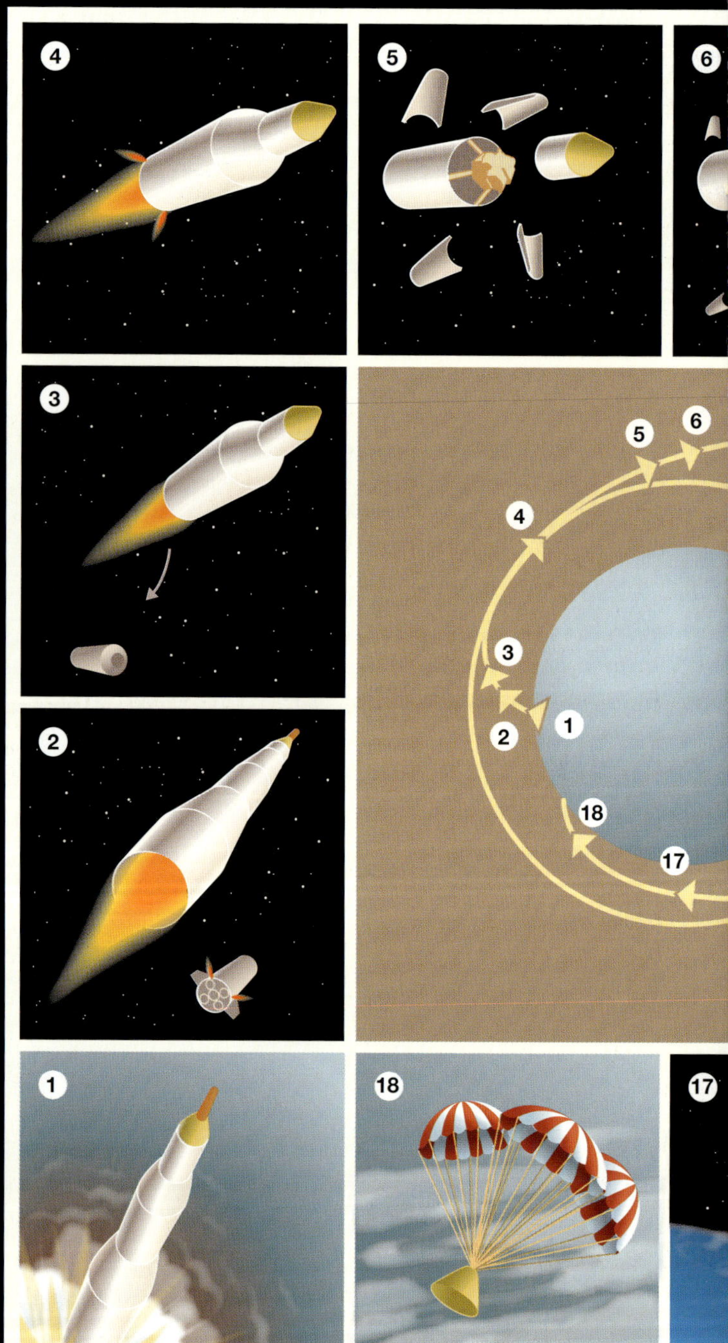

Le programme d'exploration lunaire Saturn-Apollo *devient la priorité n° 1 aux États-Unis. En 1961, il est évalué à 25 milliards de dollars, un budget monumental pour l'époque. Le budget de la NASA, de son côté, sera multiplié par dix en 5 ans ! Cela ressemble bel et bien à une mobilisation générale...*

En 1968, un départ possible des Soviétiques pour un survol de la Lune oblige la NASA à réviser l'objectif de la mission Apollo 8 *: ses trois astronautes seront les premiers à orbiter autour de notre satellite. Du côté russe, les décideurs refusent finalement de laisser partir les cosmonautes, car ils n'ont pas confiance dans leur fusée.*

La Lune se déplace entre le moment où Apollo *arrive puis celui où il repart, d'où les deux astres dessinés sur ce plan de vol.*

SATURN 5, LA GÉANTE

Les chiffres parlent d'eux-mêmes : Saturn 5 *mesure plus de 110 m de haut pour un poids de 2 900 t, soit l'équivalent de cinq TGV. Cette fusée peut placer en orbite terrestre un objet de 129 t, et envoyer vers la Lune les 45 t du vaisseau* Apollo. *Afin d'assurer l'ensemble des missions* Apollo, *il a fallu chaque année acheminer des quatre coins des États-Unis les 250 000 t de ses différentes pièces, par route, par bateau et par avion.*

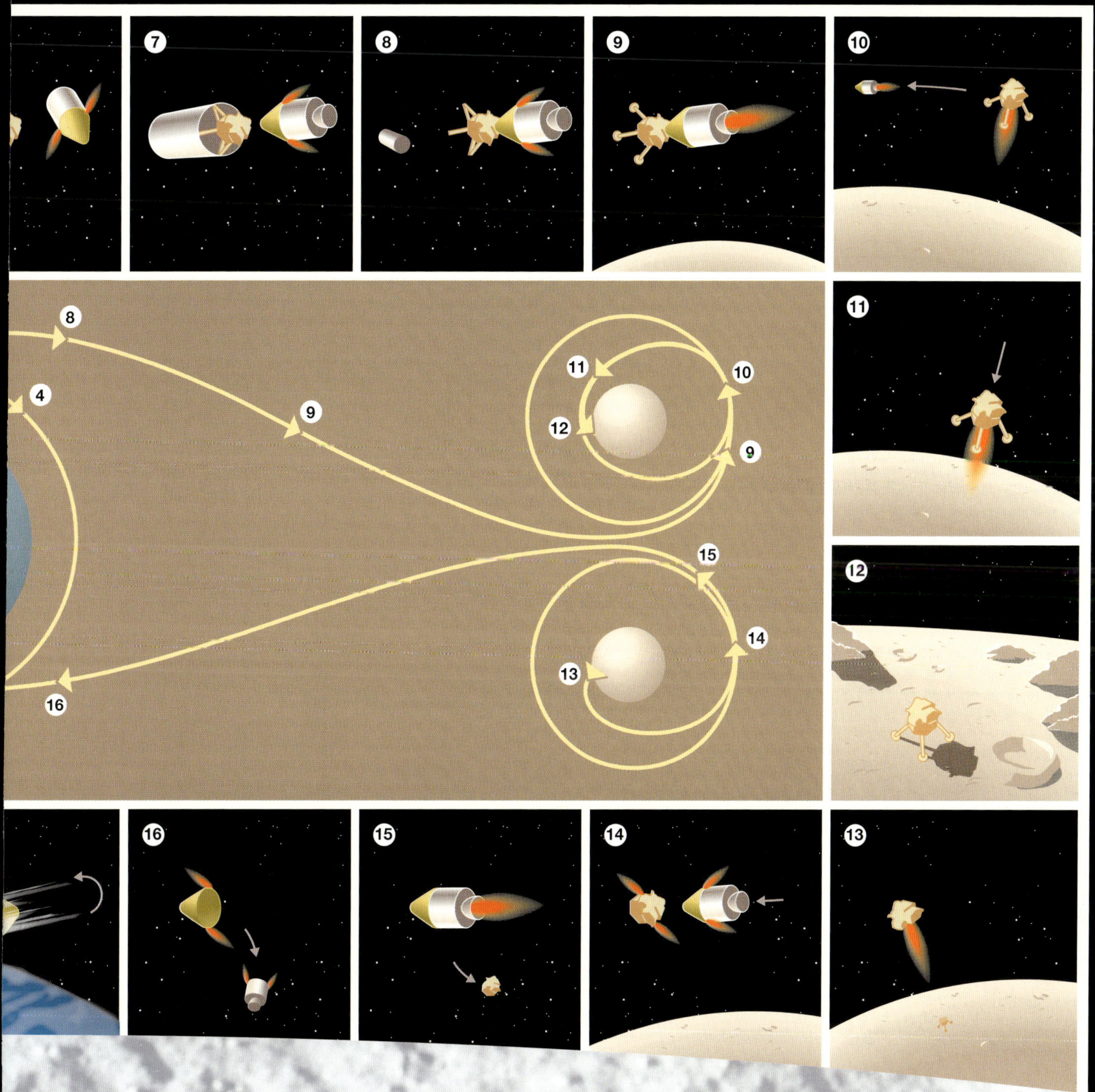

En 1953, le dessinateur Hergé imagine d'envoyer Tintin sur la Lune en fusée. Mais il serait impossible d'embarquer suffisamment d'ergols pour permettre à une structure aussi lourde d'atteindre la Lune, et tout aussi impossible de protéger l'ensemble lors de sa rentrée dans l'atmosphère !*

Les rivalités entre constructeurs vont pousser l'URSS à se lancer dans trois programmes lunaires distincts : le survol habité de la Lune, le débarquement lunaire et les missions automatiques. Mais trois programmes ne valent pas mieux qu'un, et les Soviétiques vont perdre la course à la Lune.

Le premier pas

16 juillet 1969 : la fusée *Saturn 5* d'*Apollo 11* s'élève sous les yeux de plus d'un million de personnes venues en Floride assister à l'événement, et de plus de 600 millions de téléspectateurs. Quatre jours plus tard, le module lunaire se pose sur notre satellite.

Un moment historique

La porte du module est ouverte et Neil Armstrong, commandant de la mission, descend lentement les neuf barreaux de l'échelle. Tous les téléspectateurs ont les yeux rivés sur les images envoyées depuis la Lune. Un dernier saut sur le pied du module et, le 21 juillet 1969, à 3 h 56 (heure française), Armstrong prononce la phrase désormais célèbre : « C'est un petit pas pour un homme, mais un bond de géant pour l'humanité. » Buzz Aldrin le rejoint quelques minutes plus tard sur le sol lunaire ; les deux hommes déploient le drapeau américain. Le président des États-Unis, Richard Nixon, leur téléphone en direct pour les féliciter.

Lors de la mission Apollo 11*, c'est Armstrong qui était chargé de prendre les photos sur la Lune, Aldrin s'occupant seulement de quelques panoramiques. Par bonheur, Armstrong s'est trouvé dans le champ de l'un d'eux ! Dès* Apollo 12*, chaque astronaute a eu son propre appareil photo...*

Huit jours, trois heures et dix-huit minutes : c'est la durée totale de la mission Apollo 11*. Armstrong et Aldrin ont passé vingt et une heures sur la Lune, dont deux heures et demie hors du module lunaire.*

Mission accomplie

Les astronautes installent le matériel scientifique, récoltent des échantillons de roches et de poussières lunaires. Armstrong s'aventure à une soixantaine de mètres pour inspecter un cratère, mais il ne s'éloignera pas plus pour des raisons de sécurité. Revenus à bord, les astronautes tentent de se reposer avant les manœuvres de retour. Au même moment, *Luna 15* rate son alunissage et s'écrase à quelques centaines de kilomètres du module lunaire ; le dernier espoir des Soviétiques de faire rapporter des roches lunaires par cette sonde automatique avant le retour des Américains s'effondre.

Pari tenu !

Le rendez-vous et la jonction avec la capsule restée en orbite lunaire, où Michael Collins les attend, se déroulent sans problème. Trois jours plus tard, la capsule amerrit dans l'océan Pacifique avec ses trois passagers et ses 21,70 kg de précieux échantillons. Avec 164 jours d'avance, le pari de Kennedy a été tenu...

Cette photo panoramique prise par Aldrin est l'une des très rares à montrer Neil Armstrong sur la Lune.

Comment choisir le premier homme à marcher sur la Lune ? Le choix d'Aldrin pour son statut militaire pouvait être mal interprété. C'est la position des astronautes dans l'étroit module et le sens d'ouverture de la porte qui ont amené la NASA à désigner Armstrong, un civil. C'est donc un civil qui a eu son nom dans l'histoire !

Il n'y a pas d'atmosphère sur la Lune, et donc pas de vent ; les empreintes laissées par les premiers pas des astronautes resteront pour toujours marquées dans la poussière lunaire...

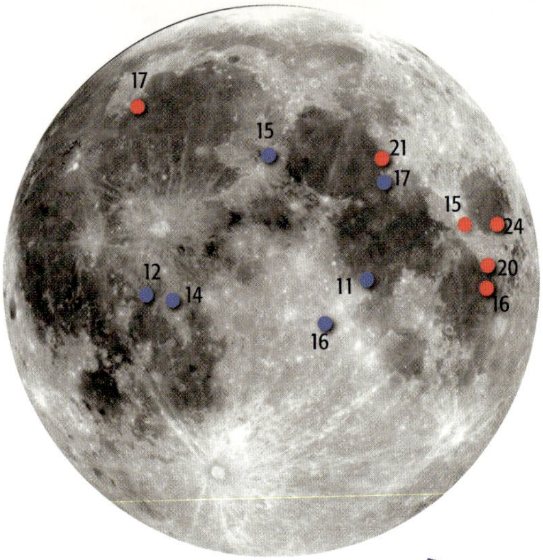

Explorations lunaires

Après l'exploit d'*Apollo 11*, l'exploration se poursuit : douze Américains fouleront le sol lunaire dans le cadre des missions *Apollo*, tandis que les Soviétiques, qui ont abandonné leurs projets de vols habités vers la Lune, se spécialisent dans les vols automatiques.

Missions Lune

Parmi les 58 missions soviétiques ou américaines parties vers la Lune entre 1959 et 1976 pour se mettre en orbite autour d'elle ou se poser sur son sol, les sites des 12 principaux "alunissages" ont été localisés sur cette image : en rouge, les 6 sondes soviétiques *Luna*, et en bleu, les 6 missions américaines habitées *Apollo*.

Rendez-vous

Quatre mois après les premiers pas de Neil Armstrong sur la Lune, le module lunaire d'*Apollo 12 (au fond sur l'image)* se pose à moins de 160 m de la sonde *Surveyor 3*, envoyée 2 ans auparavant. Les astronautes Charles Conrad *(en photo près de la sonde)* et Alan Bean vont rapporter sur Terre des pièces de *Surveyor 3* afin d'étudier les effets d'un séjour lunaire prolongé sur ces éléments.

Le film américain Apollo 13 *retrace fidèlement la mission du même nom, qui subit une explosion dans les réservoirs du module de service, privant l'équipage de ses réserves d'air et d'électricité. Réfugiés dans le module lunaire, les trois hommes parvinrent à rentrer sur Terre à force de sang-froid et d'ingéniosité.*

Cédant à la pression de la communauté scientifique, la NASA envoya, lors de la dernière mission Apollo 17, *le premier scientifique sur la Lune : Harrison Schmitt, géologue et astronaute, effectua l'une des plus fabuleuses missions* Apollo, *et fut l'un des deux derniers hommes à marcher sur notre satellite.*

Robots lunaires

Avec *Luna 16*, en septembre 1970, les Soviétiques parviennent enfin à récolter et à rapporter automatiquement sur Terre environ 100 g de sol lunaire. Deux mois plus tard, *Luna 17* dépose sur la Lune *Lunokhod 1*, premier véhicule piloté depuis la Terre. Il va parcourir 10 km pendant presque un an, et transmettre à la Terre 25 000 images, 200 panoramas ainsi que des informations sur la composition du sol. En 1972, *Luna 20* réussit à prélever des échantillons en zone montagneuse *(en photo, le retour de la capsule).*

■ **Occasion à saisir :** Trois véhicules électriques tous terrains ultra légers (210 kg à vide), spacieux et confortables (3 m de long sur 2 m de large), abandonnés par leurs pilotes, attendent batteries neuves et conducteurs expérimentés sur astre inhabité... Émotions garanties !

■ **Vends 2 Cv Diane 1978,** en parfait

Une Jeep pour les astronautes

L'amélioration du lanceur *Saturn 5* permet d'accroître sa charge utile. À partir de juillet 1971, les astronautes des trois dernières missions *Apollo* disposent d'un véhicule électrique – la Jeep lunaire, *Lunar Rover* – grâce auquel ils parcourent jusqu'à 36 km. La durée du séjour passe à 3 jours, avec une sortie de 6 à 7 heures chaque jour. La NASA décide d'explorer des zones montagneuses, plus intéressantes. La masse des roches récoltées augmente, passant d'une vingtaine de kilogrammes pour *Apollo 11* à une centaine pour *Apollo 17*.

Dernières salves

En 1973, un second véhicule automatique – *Lunokhod 2 (voir photomontage ci-contre)* – parcourt pendant 4 mois plus de 37 km, et transmet près de 80 000 images. L'URSS renouvelle la collecte automatique et prélève 55 et 170 g de sol lunaire. En 1976, *Luna 24* met un terme provisoire aux missions vers la Lune. L'étude des roches lunaires, le dépouillement des données et l'analyse des informations envoyées grâce aux instruments déposés par les hommes et les sondes sur notre satellite vont fournir aux chercheurs plus d'une décennie de travail. À deux reprises, en 1986 et en 1989, les présidents américains relancent l'idée d'un retour habité vers la Lune, sans suite. Les États-Unis et l'URSS visent maintenant l'orbite terrestre...

Au total, les missions Apollo ont rapporté 380 kg de roches et de poussières lunaires. Dix pour cent de ces roches ont été analysées, et quelques-unes sont présentées au public dans des musées. Le reste est enfermé dans les coffres de la NASA, à destination des chercheurs du futur...

Neuf missions Apollo sont parties vers la Lune, avec à chaque fois trois astronautes à bord. Trois d'entre eux ont eu la chance de faire le voyage deux fois. Au total, vingt-quatre hommes ont donc observé le spectacle fabuleux de la Terre vue de la Lune !

Retours vers la Lune ?

Quand le ballet des *Apollo* et des *Luna* prend fin en 1976, Américains et Soviétiques ont acquis des savoir-faire spatiaux qu'ils vont pouvoir réinvestir dans leurs nouveaux objectifs en orbite terrestre. Pendant une dizaine d'années, l'orbite lunaire reste vide, puis les sondes automatiques reprennent le travail.

De l'eau sur la Lune

Clementine, nouvelle sonde américaine, se place en orbite lunaire en 1994 afin de réaliser une carte topographique et géologique complète de la Lune, et notamment de ses pôles. L'annonce de la présence d'eau glacée près du pôle Sud relance l'intérêt pour notre satellite. En 1998, *Lunar Prospector* effectue un relevé du champ magnétique et gravitationnel* de la Lune. La sonde confirme la présence d'eau.

La sonde Clementine.

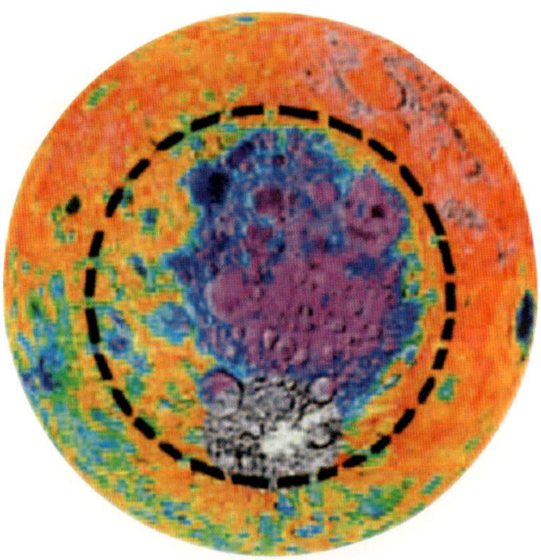

Vue du bassin Aitken, au pôle Sud lunaire. Les fausses couleurs révèlent le relief : en violet et en bleu les zones profondes, en orange et en rouge les hauts reliefs. L'eau est-elle cachée dans ce sous-sol ?

À chaque sonde son défi

Le Japon, puissance spatiale depuis 1970, lance en 1990 la sonde *Hiten* afin de tester de nouvelles technologies : il veut apprendre à utiliser la gravité* lunaire pour modifier la trajectoire du vol de sa sonde. Cette technique, dite d'assistance gravitationnelle, est en effet devenue indispensable pour l'exploration planétaire (*voir p. 58*). En 2006, la sonde européenne *Smart One* percute la Lune après une longue mission d'observation menée depuis 2004. Grâce à elle, les Européens ont testé avec succès un moteur ionique*, et étudié la répartition et les caractéristiques des minerais lunaires.

Afin de s'assurer qu'il y a bien de l'eau sur la Lune, les scientifiques décident de précipiter Lunar Prospector *en fin de mission sur le pôle Sud lunaire, pour tenter de détecter l'eau vaporisée par le crash. Méthode sans grand succès, qui sera néanmoins reprise par la sonde* Smart.

Si l'eau sous forme de glace est vraiment présente dans le sous-sol lunaire, les scientifiques espèrent l'utiliser pour en extraire les ergols (oxygène et hydrogène) nécessaires au retour ou à la poursuite du voyage des astronautes, et à leur consommation sur place (hygiène, alimentation).*

Le retour des astronautes ?

Depuis 2005, les Américains se sont engagés sur un nouveau programme, *Constellation*, visant l'exploration de Mars et le retour de l'homme sur la Lune. De nouveaux lanceurs *Ares* vont être mis au point et transporteront sous leur coiffe le vaisseau habité *Orion*, qui ressemblera à une grosse capsule *Apollo*. Ce vaisseau desservira la station *ISS* et effectuera des missions en orbite basse*. Dans sa version lunaire, *Orion* viendra s'arrimer dans l'espace à un module d'atterrissage, véritable laboratoire volant lancé séparément, et qui permettra à quatre hommes d'aller travailler plusieurs jours sur la Lune.

Le vaisseau Orion *et le module lunaire en orbite autour de la Lune.*

Des projets à foison

La route vers la Lune pourrait devenir très fréquentée : le Japon aurait pour ambition d'y installer une base habitée. L'Inde souhaiterait de son côté étudier notre voisine. La Chine a dévoilé le programme *Chang'e*, du nom de la déesse chinoise de la Lune, qui devrait se dérouler entre 2007 et 2020 : envoi d'un satellite d'observation et d'un *rover*, prélèvements d'échantillons... Les Russes lui emboîteraient le pas avec un projet d'installation de laboratoires scientifiques. Ces programmes reposent tous sur la mise en œuvre d'une collaboration scientifique mondiale.

Le retour de l'homme sur la Lune (vue d'artiste).

Dès 2008, avec les robots LRO, la NASA préparera le retour vers la Lune. LRO aura pour mission de cartographier très précisément son relief, et de poursuivre les recherches de traces d'eau. Le dernier étage de son lanceur percutera le cratère Shackleton, au pôle Sud, où la NASA installerait sa première base lunaire.

En 1980, un Californien revendiqua, selon une loi américaine, la propriété de la Lune : à 16 $ les 700 hectares, il vendit sans difficulté 1 700 parcelles ! Il avait juste oublié qu'en 1967, 62 pays avaient signé le traité de l'espace qui précise que ce dernier, Lune comprise, ne peut faire l'objet d'aucune appropriation...

Premières stations en banlieue terrestre

À la fin des années 1960, l'URSS a perdu la course à la Lune ; elle se lance alors dans les installations en orbite terrestre, suivie de près par l'Amérique. Et c'est un nouveau ballet qui commence, avec ses grandes premières et ses drames...

Soyouz 4 et 5 : *le cosmonaute Vladimir Shatalov explique sa mission à l'aide de deux maquettes.*

Soyouz : répétitions générales

En octobre 1968, le lancement de *Soyouz 3* permet enfin de valider le vaisseau triplace soviétique et de tester le rendez-vous avec *Soyouz 2* inhabité. L'année suivante, *Soyouz 4* et *Soyouz 5*, après s'être assemblés dans l'espace, permettent à deux cosmonautes de changer de vaisseau en vol. Neuf mois plus tard, *Soyouz 6*, *7* et *8* effectuent un vol simultané : sept hommes se retrouvent en orbite au même moment ! Été 1970 : les deux passagers de *Soyouz 9* passent 18 jours dans l'espace. Mais il faut désormais voir plus grand…

Saliout 1, la petite maison dans l'espace

À la fin de 1969, les techniciens soviétiques mettent au point une habitation de l'espace, la station *Saliout*. La première station orbitale est lancée en avril 1971, 10 ans après le premier homme. C'est l'équipage de *Soyouz 11* qui en prend possession le 7 juin. Après 23 jours d'expériences médicales, biologiques et astrophysiques, alors que les trois hommes s'apprêtent à regagner la Terre, c'est le drame : une défaillance technique provoque la dépressurisation* de la capsule, entraînant la mort des cosmonautes qui, à l'époque, ne portaient pas de scaphandre.

Saliout 1 *(14 m de long et 18,5 t !), avec les cosmonautes au travail et la silhouette du Soyouz arrimé.*

Cinq cent treize hommes/jours : c'est le bilan d'occupation de la station américaine Skylab. *Il comptabilise le nombre de journées passées par des hommes dans la station. Ainsi, pour une mission de 3 hommes et de 28 jours, on obtient 84 hommes/jours.*

En 1982, la France, qui coopère depuis 1966 avec l'URSS en matière spatiale, se voit offrir l'opportunité d'envoyer vers Saliout 7 *son premier spationaute : Jean-Loup Chrétien. Il effectuera un vol spatial d'une semaine à bord du vaisseau* Soyouz T-6 *puis de la station.*

SKYLAB, LE LABORATOIRE DU CIEL
Après l'annulation des dernières missions *Apollo*, la NASA, avec le matériel récupéré, met au point et lance sa première station orbitale : *Skylab*. Constituée autour du troisième étage du lanceur *Saturn 5*, la station offre un volume habitable de 322 m^3 (contre seulement 83 m^3 pour *Saliout 1*) : un vrai palais ! Trois équipages de trois hommes se succèdent en 1973, pour des missions de 28, 59 et 84 jours. Le programme comporte plus de 270 expériences sur les sciences de la vie et plus de 180 000 photographies du Soleil.

Saliout 7

LA RONDE DES *SALIOUT*
Saliout 3 et *5*, deux stations militaires, vont permettre aux Soviétiques d'observer la Terre et de se livrer à des expérimentations spécifiquement militaires. Les stations civiles, *Saliout 4*, *6* et *7*, voient augmenter la durée des séjours, de 30 à 237 jours. L'URSS invite à bord des cosmonautes des "pays frères".

Sur ce timbre, on a dessiné Saliout 6 *avec les deux vaisseaux arrimés.*

DES ÉQUIPAGES PERMANENTS
Saliout 6 et *7* sont équipées d'un deuxième sas de jonction.
Il est désormais possible de ravitailler la station grâce aux vaisseaux automatiques *Progress*, ou d'effectuer dans l'espace la relève de l'équipage. À partir de 1982, les techniciens commencent même à tester l'assemblage de modules annonçant la station en préparation : *Mir*.

Dans les années 1970, sur Terre, on écoute les Beatles. On a calculé qu'à tout moment, quelque part dans le monde, une radio au moins joue l'une des nombreuses interprétations de leur chanson Yesterday.

En 1975 eut lieu la première rencontre spatiale entre l'URSS et les États-Unis : la mission Apollo-Soyouz. *Les deux vaisseaux effectuèrent leur jonction le 17 juillet. Après cette mission hautement symbolique, les astronautes américains durent attendre 8 ans pour retourner dans l'espace...*

Installations en orbite

Après avoir été l'un des enjeux de la guerre froide*, la présence humaine en orbite proche de la Terre devient progressivement, du fait des bouleversements géopolitiques de la fin du XXe siècle, un terrain de collaboration entre les États.

Des choix techniques différents

Dans les années 1970-1980, les Soviétiques poursuivent leur programme de stations orbitales tandis que les Américains privilégient l'idée d'un véhicule réutilisable, destiné à lancer puis à ravitailler une grande station. Transformé en "navette à tout faire" (*voir p. 36-37*), le véhicule spatial américain accomplira toutes sortes de missions pendant 30 ans, soit plus de la moitié de l'histoire de la conquête spatiale. La première station orbitale modulable, la station russe *Mir*, accueillera au long de ses 15 ans de fonctionnement une quarantaine d'équipages issus de douze pays. Durant toutes ces années, le projet de station américaine se verra ajourné, rejoint par de nouvelles nations, puis transformé.

Novembre 1989 : la démolition du mur de Berlin, symbole de l'effondrement du bloc soviétique.

Une situation politique bouleversée

Cette installation de l'homme en orbite, faite de succès techniques et humains, a été conditionnée par les bouleversements des équilibres politiques mondiaux. Objet de confrontation entre deux systèmes concurrents, elle deviendra petit à petit le terrain d'une collaboration, d'une mise en commun de compétences, d'expérience et de moyens. Aucune nation n'étant capable d'assumer seule le coût de projets aussi ambitieux qu'une grande station orbitale, la coopération, devenue possible après l'effondrement du bloc soviétique dans les années 1990, sera financièrement indispensable.

Premier décollage de la navette Columbia *(avril 1981).*

Parti d'URSS le 12 mai 1991, le cosmonaute Sergueï Krikalev, soumis à des contraintes politiques et budgétaires, resta un an au lieu de six mois à bord de la station Mir. Il rentra le 25 mars 1992 dans son nouveau pays : la Russie !

Compte tenu de la coopération américaine et du nombre d'astronautes invités par la Russie, Mir est devenue la première station internationale : 104 personnes – dont 11 femmes – de 12 nationalités différentes y ont séjourné. Parmi elles, on compte plus d'Américains que de Russes !

Une collaboration par étapes

Dans une première phase, les États-Unis financent le lancement des deux derniers modules de *Mir*, réalisés à 80 % puis stockés par la Russie ruinée. Des vols de navette à destination de la station sont programmés à partir de 1995 pour le travail en commun des équipages et la préfiguration de la station internationale. La deuxième phase prévoit la réalisation de la nouvelle station *ISS*, la Station spatiale internationale, qui regroupe seize nations. Son assemblage en orbite, commencé en 1998, devrait être achevé en 2011.

L'un des derniers drapeaux de l'URSS flotta tout autour de la Terre… sur Mir *! On l'aperçoit au bout de la poutre.*

Chronologie croisée

1969 — *Premier projet de construction d'un véhicule réutilisable.*

1971 — *Lancement de* Saliout 1.

1972 — *La construction de la navette est décidée.*

1973 — *Lancement du laboratoire spatial* Skylab.

1975 — *Jonction* Apollo-Soyouz.

1981 — *Premier vol de la navette américaine* Columbia.

1984 — *La construction d'une station américaine,* Freedom, *est décidée.*

1986 — *Lancement du premier module de la station* Mir.

1988 — *Unique vol, automatique, de la navette soviétique* Bourane.

1991 — *Dissolution de l'URSS.*

1985 1993 — *Accord international pour la construction de l'ISS par les cinq grandes agences spatiales.*

1994 — *Le cosmonaute russe Sergueï Krikalev est invité à bord de la navette* Discovery.

1995 — *Première jonction* Mir-*navette* Atlantis.

1998 — *Lancement de* Zarya, *premier module de l'ISS.*

2000 — *Premier équipage permanent à bord de l'ISS.*

2001 — *Destruction volontaire de la station* Mir *par sa rentrée dans l'atmosphère* (voir p. 39).

2011 — *Fin des travaux d'assemblage de l'ISS, retrait programmé de la navette.*

Dans les années 1970, les scientifiques pensaient que la microgravité régnant à bord des stations orbitales allait permettre de réaliser des assemblages physiques et chimiques impossibles sur Terre, et de révolutionner l'industrie des matériaux. On rêvait d'usines dans l'espace…*

Le terme de "station orbitale" désigne un engin habité qui reste sur une orbite fixe. Au contraire, les véhicules spatiaux transportent leurs passagers d'une orbite à une autre, pour un voyage spatial autonome ou en direction d'une station.

Shuttle, la navette américaine

Conçue pour remplacer les capsules et faire le lien entre la Terre et une station orbitale, cette merveille de technologie va, pendant plus de trente ans, écrire de belles pages du programme spatial américain.

Trente ans d'histoire

La première navette, *Columbia*, décolle le 12 avril 1981, jour du vingtième anniversaire du vol du premier homme dans l'espace. Au fur et à mesure de leurs missions, elle et ses sœurs jumelles se feront tour à tour laboratoire scientifique en embarquant le *Spacelab*, livreur de satellites, réparateur de télescopes, avant de pouvoir enfin, à partir de 1998, se consacrer à leur mission d'origine : assembler la grande station orbitale. À la suite de deux catastrophes ayant entraîné la mort de quatorze astronautes, la NASA se résout à programmer le retrait de la navette pour 2011, après l'achèvement de l'*ISS* et une ultime intervention sur le télescope *Hubble*.

Décollage de la navette Atlantis (STS 27).

Au décollage : un lanceur

La navette ou *STS*, système de transport spatial, se compose d'un orbiteur, d'un réservoir principal et de deux gros accélérateurs. Elle décolle verticalement. Les accélérateurs ou *boosters*, puissantes fusées à propergols solides fixées sur les côtés du réservoir principal, assurent la poussée nécessaire pour arracher ses 2 000 t du sol. Après 2 minutes et 10 secondes, ils ont consommé leurs ergols* et sont largués dans l'océan Pacifique, pour y être récupérés en vue d'une réutilisation. Les trois gros moteurs-fusées placés à l'arrière de l'orbiteur (*voir schéma p. 37*) poursuivent seuls la poussée, alimentés en oxygène et en hydrogène liquides par l'énorme réservoir extérieur sur lequel l'orbiteur est fixé. Après huit minutes et demie de vol, la navette a atteint la vitesse de satellisation* ; les propulseurs s'arrêtent. Le réservoir extérieur, vidé, est largué à son tour ; il sera détruit par sa rentrée dans l'atmosphère.

En 1984, les astronautes de Challenger *capturent, réparent et sauvent le satellite* Solarmax *avant de le remettre sur orbite.*

La première navette qui fut construite entre 1974 et 1976, prototype destiné aux essais dans l'atmosphère – en particulier des essais d'atterrissage –, fut baptisée Enterprise, *en référence au vaisseau du film* Star Treck. *Elle aurait dû être nommée* Constitution.

STS (Space Transportation System) *est le nom officiel de la navette, plus souvent appelée* Shuttle. *Le mot "navette" évoque lui-même l'instrument du métier à tisser qui passe et repasse entre les fils de la trame, rappelant les allers et retours que l'engin effectue entre la Terre et son objectif spatial.*

En orbite : un véhicule habité

Dans l'espace, la navette gravite* comme un satellite, mais elle peut aussi, en utilisant ses moteurs auxiliaires, manœuvrer pour changer d'orbite ou effectuer des rendez-vous avec d'autres engins spatiaux. Sa cabine à deux niveaux lui permet d'embarquer un équipage de huit astronautes, et sa soute une charge utile de presque 30 t, composée de satellites à mettre à poste*, de matériel destiné à équiper ou à ravitailler une station, ou d'un laboratoire spatial. Grâce à son bras robotique, elle récupère des satellites en orbite, ou soutient des astronautes sortis effectuer des travaux d'assemblage ou des réparations. La navette peut effectuer des missions autonomes d'une quinzaine de jours en orbite, après quoi il lui faut rentrer sur Terre.

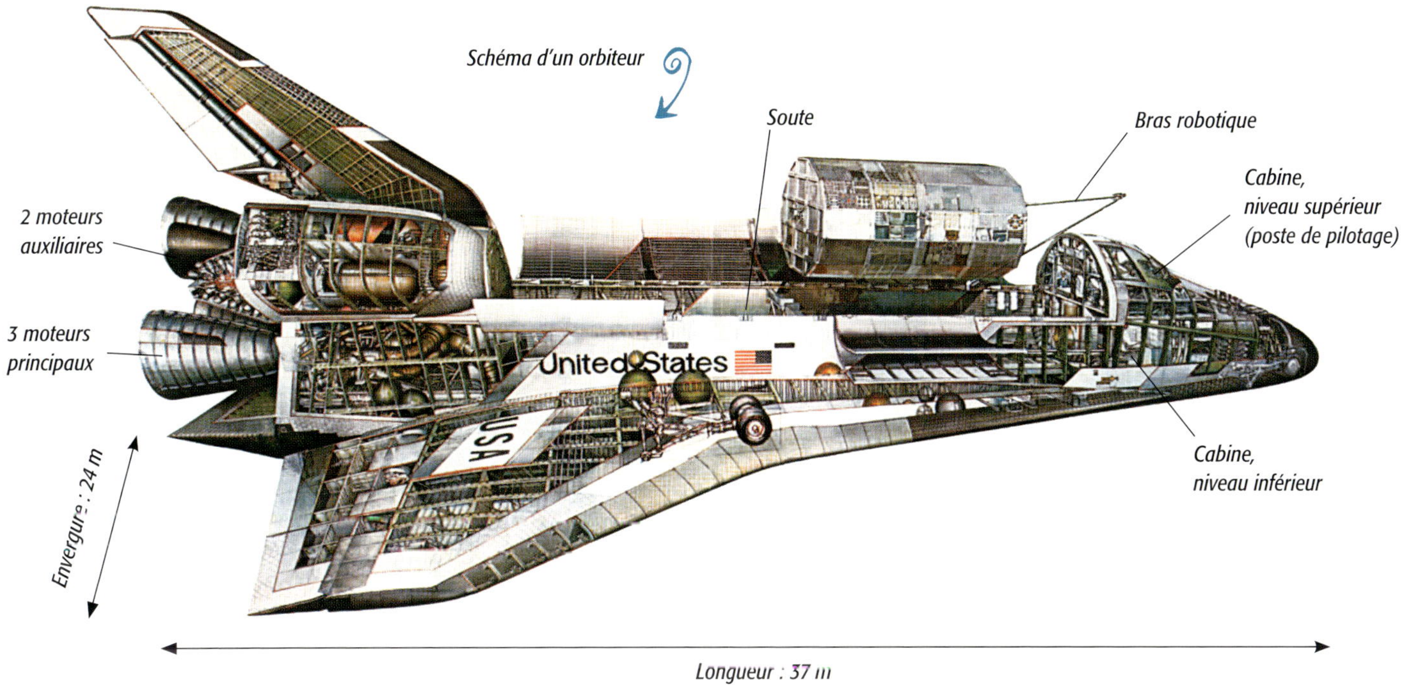

À l'atterrissage : un planeur

Après avoir réduit sa vitesse, la navette pénètre dans l'atmosphère à plus de 26 400 km/h, portant la température de ses tuiles protectrices à 1 460 °C. Après 16 minutes de silence – la chaleur de la rentrée crée une boule de plasma* qui empêche les ondes radio de passer –, les astronautes reprennent le contact et terminent l'approche vers le sol de ce gros planeur de 68 t. Ils se posent sur la piste du Kennedy Space Center, en Floride, longue de près de 5 km. La base Edwards, en Californie, peut être utilisée comme piste de secours.

Si les dernières missions d'assemblage de l'ISS se déroulent sans encombre, le système navette aura effectué 133 missions avec ses cinq orbiteurs : Columbia *(28 vols),* Challenger *(10),* Discovery *(39),* Atlantis *(30) et* Endeavour *(26).*

Deux tragédies endeuillent l'histoire de la navette. Le 28 janvier 1986, Challenger *explose juste après son décollage, tuant ses sept passagers. À la suite d'une profonde réorganisation du programme et de 90 nouvelles missions réussies,* Columbia *se désintègre en 2003 au cours de sa rentrée dans l'atmosphère.*

Mir

La station orbitale modulable mise en œuvre par l'URSS a pour nom *Mir*, qui signifie à la fois "monde" et "paix". Cet assemblage d'éléments cylindriques va être pendant quinze ans le terrain d'expérimentation des séjours spatiaux de longue durée.

4 juillet 1995 : la navette Atlantis *s'apprête à se séparer de la station* Mir *à l'issue de la première jonction (photo prise depuis le* Soyouz *provisoirement détaché de la station).*

Entre le 20 février 1986 et le 23 mars 2001, Mir *aura effectué plus de 80 000 tours de Terre. Elle aura ainsi permis de réaliser 25 000 expériences scientifiques en sciences des matériaux, sciences de la vie, biochimie et astrophysique, grâce à 11 t de matériel provenant de 27 pays différents.*

L'année 1997 fut celle des catastrophes maîtrisées. En février, un début d'incendie laissa la station noircie et enfumée, puis, en juin, un vaisseau de ravitaillement percuta violemment Spektr *et provoqua une fuite d'air. Les hommes sauvèrent le reste de la station en isolant le module, devenu inutilisable.*

Un Meccano géant

Les différents éléments de la station *Mir* visibles sur la photo ci-contre ont été assemblés progressivement autour d'un premier bloc de base :

① ***Mir***, le module de base (1986)
Principal lieu de vie de la station. Volume habitable d'environ 90 m^3, avec poste de pilotage, table, équipements sportifs et deux espaces de repos individuels. Son poids, 20 900 kg, est vérifié au kilogramme près afin de ne pas dépasser la capacité maximale de la fusée *Proton*.

② **Nœud** du bloc de base
Pièce d'amarrage comportant cinq sas. Pour se connecter à ce "nœud", les modules utilisent leur petit bras nommé "patte d'ours", basculent et vont se placer sur l'un des sas latéraux.

③ ***Kvant*** (1987)
Module de 11 t qui comporte un laboratoire d'astrophysique.

④ ***Kvant 2*** (1989)
Module de 19,50 t qui vient augmenter le confort de la station (lavabo supplémentaire, douche) et fournir un sas pour les sorties extravéhiculaires.

⑤ ***Kristall*** (1990)
Module de 19,60 t qui embarque du matériel scientifique destiné à la production de cristaux en impesanteur. Lors de la première jonction avec *Atlantis*, *Kristall* a été déplacé vers l'avant afin de permettre l'arrimage.

⑥ **Panneaux solaires**
Ils fournissent l'énergie nécessaire à la station.

La station Mir *après assemblage complet.*

Des équipements complémentaires

Équipé de matériel médical américain, le module ***Spektr*** ⑦ rejoint la station le 1er juin 1995. Dès 1996, à l'occasion de son deuxième vol vers *Mir*, *Atlantis* apporte un **module de jonction** ⑧ qui doit faciliter la connexion de la navette, et permettre la livraison de matériel et les échanges d'astronautes. Le 26 avril 1996, l'ultime module ***Priroda*** ⑨, destiné à la télédétection (*voir p. 50-51*), s'ajoute à l'ensemble, portant la masse de *Mir* à 140 t pour 380 m^3 utiles.

La fusée qui a permis ça

Proton est la fusée russe utilisée notamment pour lancer les stations orbitales *Saliout*, tous les modules de la station *Mir* et les modules russes de l'*ISS*. Sa masse est de 700 t et elle peut atteindre 61 m de haut au décollage. Sa charge utile maximale en orbite basse* est de 20 t.

La désorbitation

Selon les accords passés avec les États-Unis, *Mir* devait être détruite dès que la nouvelle *ISS* serait habitable. Résignés, les Russes mettent un terme à l'aventure en envoyant un véhicule automatique ralentir la station pour provoquer sa désintégration dans l'atmosphère. Le 23 mars 2001, elle se consume au-dessus des îles Fidji, et ce qu'il en reste plonge dans l'océan Pacifique.

Parmi les séjours de longue durée effectués par des étrangers à bord de Mir, l'Américaine Shannon Lucid et le Français Jean-Pierre Haigneré passèrent chacun plus de 6 mois dans la station en 1996 et en 1999.

Pour transporter, ravitailler et surtout assembler ce grand complexe, près de 110 lancements ont été nécessaires : 6 fusées Proton *pour les différents modules, 31* Soyouz *et 9 navettes pour les équipages, et 63 vaisseaux* Progress *pour le ravitaillement.*

La Station spatiale internationale

L'*ISS* est la plus grande entreprise de coopération mondiale jamais réalisée. Une fois son montage achevé, ce centre de haute technologie accueillera des astronautes chercheurs venant de différentes nations.

Vue d'artiste de l'ISS au complet.

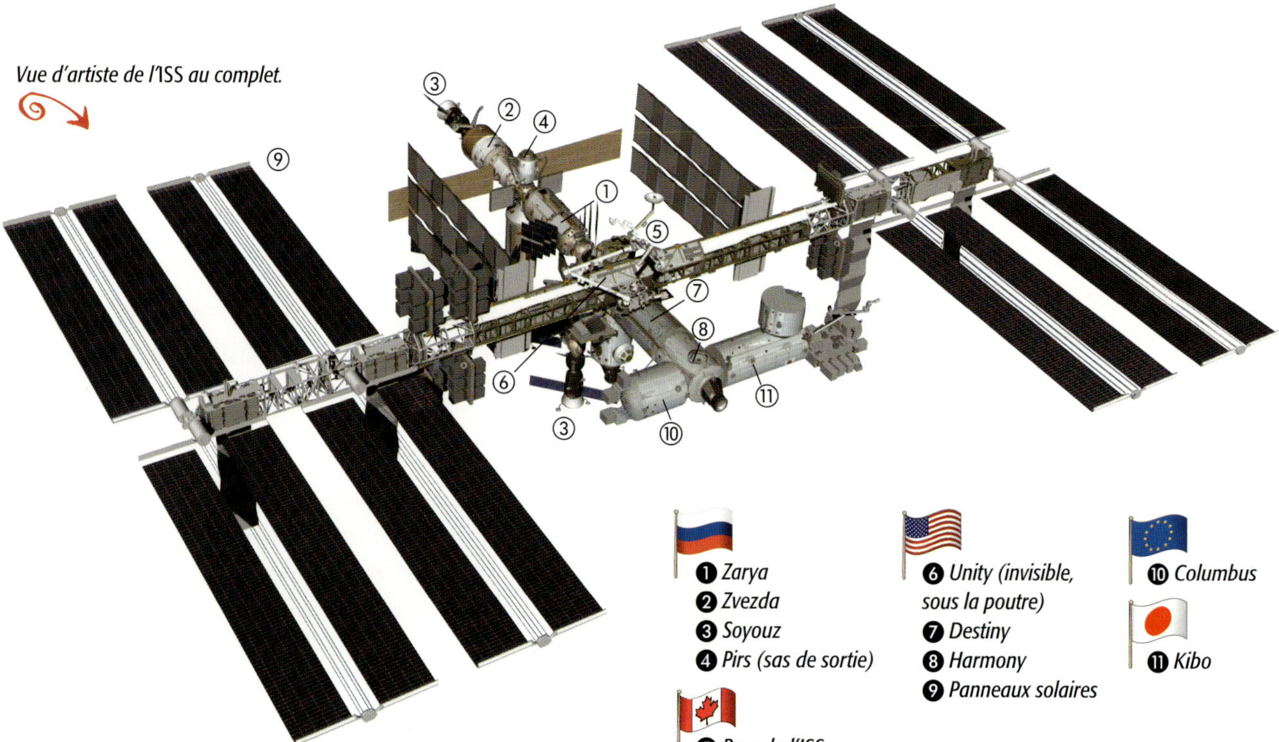

❶ *Zarya*
❷ *Zvezda*
❸ *Soyouz*
❹ *Pirs (sas de sortie)*

❺ *Bras de l'ISS*

❻ *Unity (invisible, sous la poutre)*
❼ *Destiny*
❽ *Harmony*
❾ *Panneaux solaires*

❿ *Columbus*

⓫ *Kibo*

Assemblage dans l'espace

Il est bien sûr impossible de lancer une grosse station en une seule fois. Au total, une trentaine d'éléments seront assemblés en orbite. Lancés par la fusée *Proton*, les modules russes sont autonomes : ils disposent de leurs propres moyens de changement d'orbite et de rendez-vous pour rejoindre l'*ISS*. Tous les autres modules, logés dans la soute de la navette américaine, sont inertes. Une fois celle-ci connectée à la station, ils sont déplacés à l'aide du bras robotique de la navette ou de celui de l'*ISS* pour être fixés à leur emplacement définitif. Il en va de même des autres éléments tels que les poutres, les énormes panneaux solaires et les radiateurs.

12 septembre 2006 : l'astronaute Joseph Tanner connecte les câbles d'un nouveau segment de poutre ; sous ses pieds, à plus de 400 km, on aperçoit la Terre.

Le module d'habitation russe Zvezda, qui sert de poste de pilotage à l'ISS, est le frère jumeau du module de base de la station Mir. Il fut construit à l'époque pour lui servir de module de secours.

Le travail d'assemblage des astronautes lors de leurs sorties extravéhiculaires peut être comparé, sur Terre, à l'installation d'une étagère par un bricoleur : en équilibre sur des patins à roulettes, équipé de gants de ski, il aurait attaché à sa tenue toutes les pièces et tous les outils nécessaires à l'intervention !

Un chantier habité

Dès 1998, l'assemblage de l'*ISS* commence, permettant à partir de la fin de l'an 2000 le séjour d'équipages permanents de trois astronautes et cosmonautes. En 2003, après l'accident de *Columbia* *(voir p. 36-37)*, le montage de la station est interrompu. Pendant 2 ans, cinq équipages permanents réduits à deux membres assurent la maintenance à bord. Le partenaire russe se charge du renouvellement des équipages et du ravitaillement en carburant et en nourriture avec ses seuls vaisseaux *Soyouz* et *Progress*. En juillet 2005, la station est de nouveau desservie par la navette ; la NASA décide alors de consacrer ses seize derniers vols à la fin de l'assemblage de l'*ISS*, qui sera ensuite desservie par le nouveau véhicule spatial *Orion* *(voir p. 31)*.

On est chez qui ?

Mis à part pour les éléments russes et américains, on a coutume d'ajouter au nom du module – l'européen *Columbus* et le japonais *Kibo*, par exemple – celui du pays constructeur. Certains pays ont négocié leur participation à l'*ISS* en fabriquant des éléments pour le compte des États-Unis. L'Italie a construit les structures de trois des modules américains, ainsi que les trois modules placés alternativement dans la navette pour assurer le ravitaillement de la station. Le Canada, qui avait déjà fabriqué le bras robotique de la navette, a conçu celui de l'*ISS*. De plus, dans chaque module, des équipements sont installés à la suite de coopérations ponctuelles entre nations. La coordination de l'ensemble reste néanmoins sous le contrôle des États-Unis.

2007, L'EUROPE COPROPRIÉTAIRE

*Le retour en vol de la navette permet à l'Europe de disposer sur l'*ISS *de son propre module de recherche,* Columbus. *Les astronautes européens peuvent enfin effectuer des séjours de longue durée à bord pour y mener leurs expériences scientifiques. En outre, grâce au lancement du premier ravitailleur automatique européen* ATV *(en cours de déchargement sur ce dessin), l'Europe pourra s'acquitter de sa participation financière au projet.*

Fin des travaux, place au travail !

Si rien ne vient de nouveau perturber l'assemblage, les Américains pensent achever l'*ISS* en 2011. Les scientifiques pourront alors utiliser les équipements de recherche installés dans les modules. Les critiques portant sur le coût exorbitant de ce programme *(voir p. 44-45)* vont laisser place aux travaux des chercheurs, et l'*ISS* commencera enfin à remplir son rôle de laboratoire.

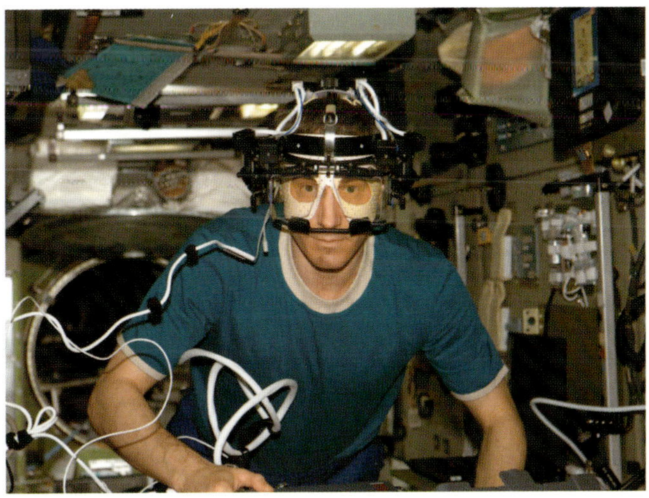

À bord du module russe Zvezda, *le cosmonaute Krikalev réalise une expérience visant à mesurer avec précision les mouvements des yeux et de la tête grâce à un appareil européen (2005).*

La station orbitale ISS *est déjà, en 2007, le plus gros satellite artificiel de la Terre. Au terme de son assemblage, son volume interne pressurisé* mesurera une fois et demie celui d'un* Boeing 747. *La station atteindra 110 m de long, soit la longueur d'un terrain de rugby.*

*Les seize grands panneaux solaires de l'*ISS *sont en rotation permanente autour de la poutre centrale ; de plus, chacun tourne sur son axe propre afin de suivre le Soleil. Leurs 262 400 photopiles, qui pourraient recouvrir à elles seules treize courts de tennis, fourniront une puissance de 110 kW.*

La vie à bord

La satellisation, c'est la chute sans fin d'un corps autour de la Terre. Les hommes qui partent en mission spatiale doivent apprendre à vivre avec les conséquences de cette chute, et en particulier avec la micropesanteur.

QUESTION DE POIDS

Notre sensation de poids est due à l'attraction que la Terre exerce sur nous ; c'est une situation de pesanteur. Si l'on s'éloignait assez pour ne plus ressentir cette attraction ni celle d'aucun autre astre, on serait en situation d'impesanteur. Les vaisseaux et les stations en orbite autour de la Terre restent très proches d'elle (environ 400 km, soit la distance entre Paris et Bordeaux) ; ils subissent donc encore son influence, mais celle-ci est compensée par la vitesse à laquelle le véhicule et ses passagers "chutent" autour de la Terre et c'est pourquoi les astronautes "flottent". On parle alors de micropesanteur, car il reste toujours une faible pesanteur résiduelle.*

Les devoirs de l'astronaute

En orbite, le temps est précieux. Après s'être adaptés à la micropesanteur, les astronautes entament leurs missions répétées pendant plusieurs années (observation du comportement du corps humain ou d'autres organismes vivants, synthèse de molécules…), en essayant de ne pas trop se gêner les uns les autres… *(voir DVD, chap. 3)*.

Gros plan sur des expériences réalisées à bord du vaisseau fictif Pégase.

Le sport : une option obligatoire

Le corps humain n'est pas fait pour vivre en micropesanteur. Fragilisation des os, atrophie des muscles, problèmes circulatoires… Un seul remède à tous ces maux de l'espace, le sport : 15 minutes minimum d'exercice quotidien pour un séjour de 2 semaines, et jusqu'à 2 heures pour un vol de longue durée.

Si des hommes partent un jour vers Mars, le trajet durera entre 6 et 9 mois, aussi est-il indispensable de bien connaître les réactions de l'organisme à des vols de longue durée. À bord des stations, l'astronaute est donc souvent son propre sujet d'expériences !

Le record du vol le plus long est détenu par le médecin russe Valeri Poliakov, qui a passé 14 mois à bord de la station Mir en 1994-1995, soit 437 jours d'affilé en orbite ! Mais l'homme qui a séjourné le plus longtemps dans l'espace est Sergueï Krikalev, qui totalise 803 jours sur six missions.

RANGER SA CHAMBRE
Vivre à plusieurs dans un espace limité demande de l'organisation. Les astronautes doivent attacher tous les objets qui, sans cela, flotteraient librement pour cause de micropesanteur. De temps en temps, du ravitaillement (nourriture, objets personnels, outils de travail) leur arrive de la Terre. Un seul mot d'ordre : chaque chose à sa place !

CANTINE SPATIALE
La pause déjeuner est un moment agréable, qui permet à l'équipage de se retrouver. Fini les purées en tubes des premiers vols : les repas sont désormais variés et personnalisés, mais ils restent proches de nos rations de camping terrestre… L'eau, quant à elle, est fournie par les vaisseaux ravitailleurs.

UNE TOILETTE SOMMAIRE
Après plusieurs tentatives dans *Skylab*, *Saliout* et *Mir*, une nouvelle douche spatiale devrait être installée dans l'*ISS*… En attendant, la lingette reste la seule solution pour assurer une hygiène élémentaire entre gens de bonne compagnie ! On choisit des produits qui tiennent compte du rationnement de l'eau, comme les shampoings sans rinçage. La coupe de cheveux nécessite l'aspirateur de service, indispensable pour faire disparaître les poils flottants !

QUARTIER LIBRE
Malgré un emploi du temps très chargé, il faut savoir se ménager des moments de détente. Écouter de la musique, lire, regarder des DVD, admirer la Terre à travers le hublot… Chacun se distrait à sa manière, ou profite de ces pauses pour envoyer des mails à sa famille et à ses amis.

AU LIT !
Dans un véhicule spatial, le sac de couchage est de rigueur. Outre les petites niches contenues dans le module *Zvezda* de l'*ISS* ou dans les navettes, toutes les parois des modules peuvent être utilisées pour fixer son sac. Mieux vaut toutefois ne pas oublier de mettre son masque (à cause de la lumière) et ses bouchons dans les oreilles avant de s'y glisser !

Dans la majorité des cas, les vols habités gravitent autour de la Terre en une heure et demie, à une distance moyenne de 400 km et à une vitesse de 28 000 km/h. Les astronautes font donc seize tours de Terre par 24 heures, et observent chaque jour seize levers et seize couchers de Soleil !

Les liquides libérés de la pesanteur n'ont plus aucune raison de rester sagement au fond des verres. Ainsi, lors du trajet de Tintin vers la Lune, le whisky du capitaine Haddock se met en boule pour flotter dans la cabine de la fusée, au grand dam de son propriétaire !

L'homme dans l'espace

Après les premières excursions de l'homme hors de l'atmosphère, les séjours en orbite permettent d'accumuler une multitude de résultats expérimentaux. Pendant ce temps, sur Terre, les polémiques sur l'utilité de la présence humaine dans le cosmos occupent le devant de la scène à de multiples reprises.

Depuis le début de la conquête spatiale, science-fiction et réalité ont avancé chacune à leur rythme. Nous savons maintenant qu'il faut être vigilant dans les effets d'annonce concernant le futur proche. Ne devait-on pas disposer d'hôtels en orbite et passer nos vacances sur la Lune dès l'an 2000 ?

Lors de la réception des premières images du télescope spatial Hubble, on s'est aperçu qu'il était "myope" à cause d'un défaut d'un de ses miroirs. Grâce à un vol de la navette, des astronautes lui ont installé sur place un système correctif : les hommes ont ainsi permis au robot de remplir sa mission.

Mars 2002 : quatrième mission de maintenance pour le télescope Hubble.

Aujourd'hui, demain ?

Dans les années 1960, années de guerre froide* *(voir p. 14-15)*, des sommes énormes sont englouties dans la course à l'espace de part et d'autre du globe, tant les enjeux liés au prestige sont importants. Plus récemment, les estimations du coût de réalisation de la station orbitale internationale sont passées de 8 milliards de dollars en 1984 à plus de 100 milliards aujourd'hui, suscitant de vives critiques quant au maintien d'une occupation humaine dans l'espace. L'expérimentation dans le domaine des sciences de la matière et de la nature apparaît prometteuse, mais ne semble pas nécessiter des infrastructures aussi lourdes que l'*ISS*. La station restera cependant un avant-poste expérimental permettant de mener des recherches en milieu spatial, en particulier sur l'organisme humain.

La conquête spatiale ouvre de nouveaux horizons à l'homme et à son esprit pionnier. De nombreux projets de voyages se développent, notamment vers Mars *(voir DVD, chap. 3)*. Mais pour s'éloigner dans le cosmos et partir à la découverte de nouvelles planètes, l'être humain est handicapé par sa fragilité physique, ses besoins en air, en eau et en nourriture. Parallèlement, les progrès énormes réalisés dans la miniaturisation et dans l'électronique ont permis la conception de sondes automatiques de plus en plus performantes *(voir p. 58-65)*. Il n'y a pourtant pas lieu d'opposer l'astronaute et le robot : il appartient aux machines d'explorer les régions inhospitalières ou inaccessibles aux hommes, et à ces derniers d'exercer leur pouvoir de décision en toute autonomie. On a déjà vu plusieurs fois des hommes partir dans l'espace au secours de robots défaillants *(voir photo)*, prouvant ainsi de façon éclatante la complémentarité de l'homme et de la machine !

Certains films documentaires d'anticipation montrent l'homme en train d'explorer d'autres astres du système solaire ; pour l'instant, cela reste de la science-fiction...

L'une des perspectives de colonisation de la planète Mars consisterait à la transformer, la "terraformer", pour recréer des conditions favorables à l'homme : atmosphère, oxygène, végétation... A-t-on le droit de modifier ainsi un milieu naturel ? À vous, hommes du futur, d'en décider...

Pour imaginer ce que serait la vie de colons sur une autre planète, l'expérience Biosphère II *a recréé, dans les années 1990, un écosystème autonome sous une serre, dans l'Arizona. Le succès ne fut pas au rendez-vous ; l'homme devra sans doute emporter dans l'espace ce qui est nécessaire à sa survie...*

L'ère des satellites

Tandis que les vols habités mobilisent le public et les médias, les satellites automatiques investissent plus discrètement les différentes orbites autour de la Terre. Leurs applications sont innombrables, et ils deviennent des outils incontournables pour la gestion de notre planète.

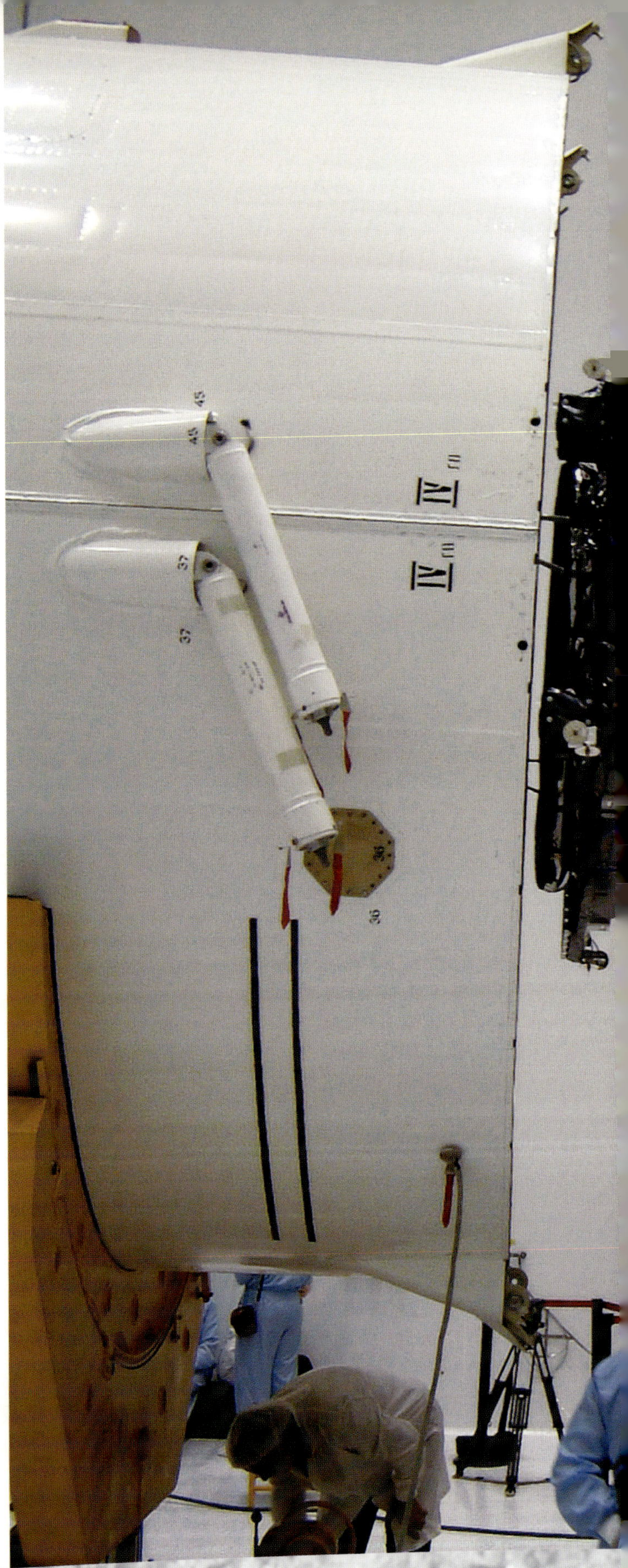

Satellites militaires...

Les applications pratiques de la conquête spatiale n'avaient pas été envisagées par les pères de l'astronautique *(voir p. 12-13)*, qui visaient plutôt l'exploration de l'espace par l'homme. Pourtant, très vite, les satellites de reconnaissance – capables de recueillir une foule d'informations en survolant n'importe quel pays en toute discrétion – deviennent des outils diplomatiques et stratégiques importants. Les projets militaires, lanceurs ou satellites, prennent le premier rang des activités spatiales. Dans ce domaine très sensible, les nations cherchent à gagner leur indépendance à l'égard des États-Unis et de l'URSS. La France réussit sa première mise en orbite en 1965, suivie quelques années plus tard par le Japon (1970), la Chine (1970), la Grande-Bretagne (1971), l'Inde (1980), et Israël (1988). Grâce au programme *Ariane*, l'Europe accède véritablement à l'indépendance spatiale en 1979. C'est la fin de la bipolarisation du monde spatial.

... Ou engins à tout faire

Peu à peu, les utilisations du spatial se diversifient : observation de la Terre, météorologie, télécommunications, astronomie, recherche scientifique... Avec la miniaturisation de l'électronique, les satellites automatiques (par opposition aux vols pilotés) dédiés à ces applications se multiplient de manière très importante au début des années 1980. Des sociétés comme *Arianespace* sont créées pour commercialiser le lancement et la mise à poste* des satellites. Les lanceurs sont produits en série, et c'est une véritable ère industrielle qui s'ouvre pour les activités spatiales en général.

A1, le premier satellite mis en orbite par la France, sera surnommé Astérix *! Grâce à ce fier petit Gaulois, lancé par une fusée* Diamant A *depuis la base d'Hammaguir dans le Sahara algérien, la France devient en 1965 la troisième puissance spatiale du monde.*

Même s'il est techniquement possible de savoir, grâce aux satellites, où est garée une voiture, le coût d'une telle recherche est exorbitant. Les engins espions ont en réalité pour mission de surveiller les activités militaires des États ou, par exemple, les cultures de produits illicites comme les drogues.

Les satellites sont assemblés dans des "salles blanches" dont on surveille scrupuleusement la faible teneur en poussière. Ici GIOVE-A, satellite expérimental du système Galileo, est installé sous la coiffe de son lanceur à Baïkonour.

*Dès 1960, la Fédération internationale d'astronautique crée l'*International Institute of Space Law, *chargé de coordonner et de réguler les activités spatiales, notamment sur le plan juridique. En 1967, un traité signé à l'ONU par 62 pays interdit la militarisation de l'espace.*

Les débris spatiaux, pièces de lanceurs ou de satellites, posent problème : on évalue à 35 millions le nombre de débris en orbite basse, dont 9 000 d'une taille supérieure à 10 cm et donc très dangereux. Le NORAD, un organisme américain, est chargé de les surveiller pour limiter les risques de collision.*

Le monde des lanceurs

Si, historiquement, les premières fusées ont été lancées par des États, la signature d'accords internationaux et l'émergence de consortiums privés rendent la situation actuelle beaucoup plus complexe. Tentons un petit tour de Terre pour y voir plus clair...

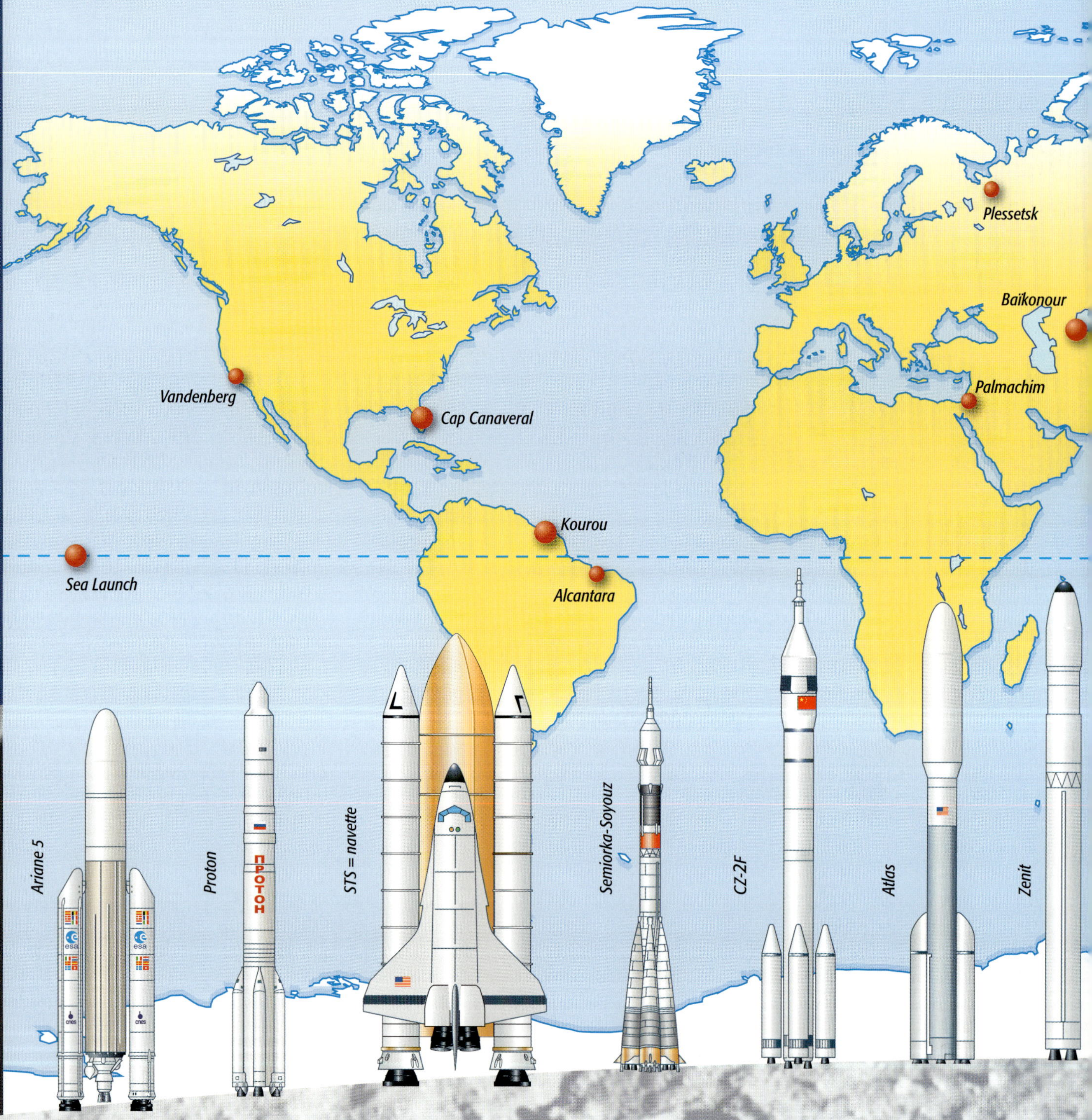

La vitesse de rotation de la Terre atteint 1 650 km/h au niveau de l'équateur. Pour bénéficier au maximum de l'accélération provoquée par ce phénomène, l'Europe a choisi de situer sa base à Kourou en Guyane, et le consortium Sea Launch sur une plate-forme flottant au plus près de cette ligne imaginaire.

Le bénéfice apporté par la proximité de Kourou avec l'équateur va permettre à notre bonne vieille Semiorka, modernisée et appelée maintenant Soyouz, de placer en orbite des satellites deux fois et demie à trois fois plus lourds que ceux qu'elle lance de Baïkonour !

Les principaux lanceurs et bases de lancement dans le monde.

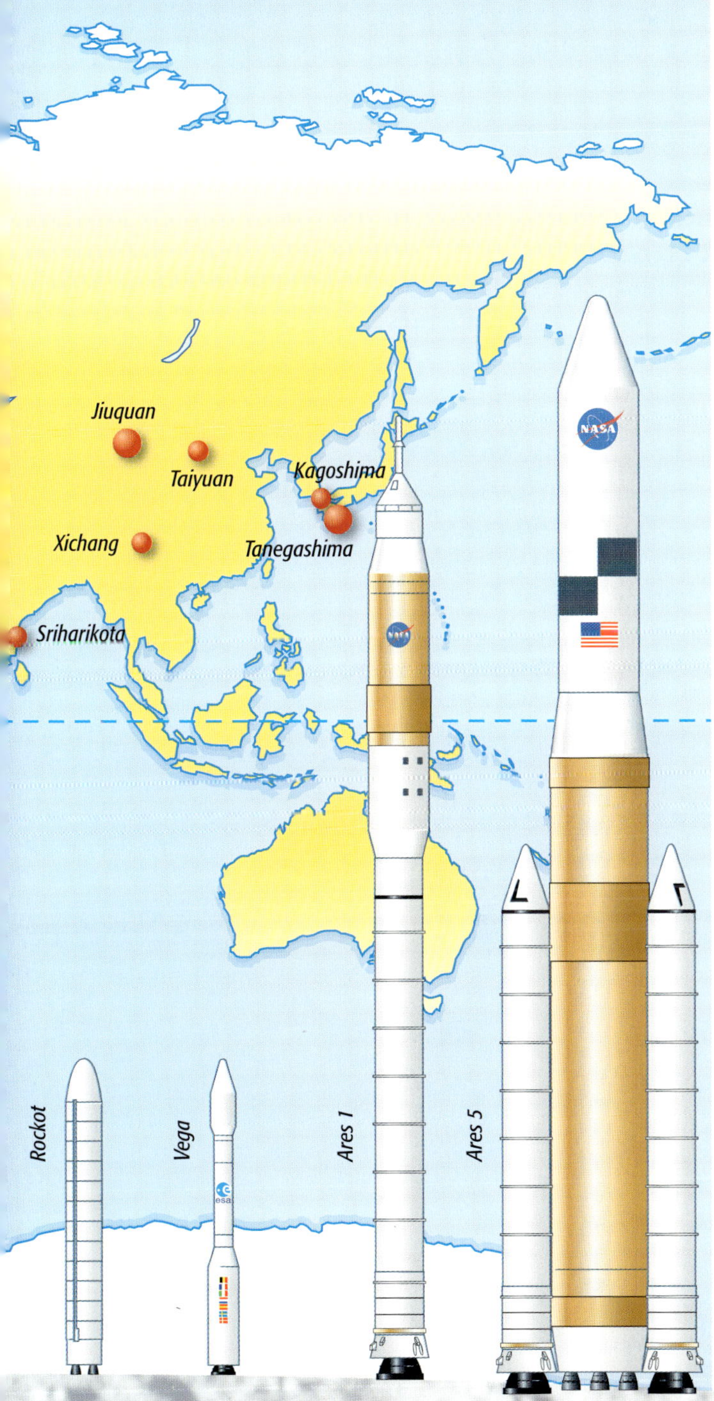

Les bases spatiales

Aujourd'hui, quatorze bases spatiales sont en activité dans le monde. Les deux plus anciennes sont Baïkonour (Kazakhstan), d'où sont parties toutes les grandes premières de l'ex-URSS, et cap Canaveral (États-Unis, Floride), point de départ des navettes et des hommes pour la Lune. L'Europe lance *Ariane* depuis Kourou (Guyane française), sur le continent sud-américain, tandis que l'Asie dispose notamment des bases de Tanegashima au Japon et de Jiuquan en Chine. À cette liste, il faut ajouter l'Inde, le Brésil, Israël, la base flottante Sea Launch (ancienne plate-forme pétrolière, fruit d'une collaboration entre les États-Unis, la Russie, l'Ukraine et la Norvège) et les tirs aéroportés.

Les lanceurs

Ils n'ont cessé d'évoluer et de s'adapter aux charges utiles qu'ils doivent placer en orbite. Parmi toutes les familles de lanceurs, citons *Ariane 5* et *Proton*, fusées lourdes et polyvalentes, *STS* *(voir p. 36-37)*, *Semiorka* et la chinoise *CZ-2F* pour les vols habités, et enfin *Atlas* et *Zenit*, deux des nombreux lanceurs dédiés aux sondes et aux satellites. D'anciens missiles, comme le russe *Rockot*, peuvent être reconvertis et transformés en petits lanceurs économiques pour concurrencer *Pegasus*, largué depuis un avion, et *Vega*, la petite dernière européenne. Ce rapide tableau est en perpétuelle mutation : tandis que le retrait de la navette est prévu pour 2011, les futurs *Ares* devraient permettre entre autres d'atteindre de nouveau la Lune *(voir p. 31)*.

DES LANCEURS AÉROPORTÉS

Il n'est pas nécessaire d'avoir de coûteuses infrastructures au sol pour mettre en orbite de petits satellites : aux États-Unis, un avion peut larguer vers 12 000 m d'altitude les 25 t du lanceur Pegasus. *En 3 minutes et demie, ses trois étages placent 430 kg en orbite basse*. Beaucoup de pays travaillent actuellement sur cette technologie.*

En 1954, la base soviétique se devait d'être à la fois hors de portée des radars américains, loin de toute population et proche de l'équateur ! Dans le Kazakhstan, une ville naquit du désert ; pour désinformer l'ennemi, elle prit le nom d'un village situé à plus de 370 km : Baïkonour.

*À l'heure actuelle, chaque lancement d'*Ariane 5 *coûte 120 millions de dollars, sans tenir compte des frais de développement. Le lanceur le moins cher que l'on envisage de construire est estimé à 30 millions de dollars. Le ticket pour l'espace n'est pas encore à la portée de toutes les bourses !*

La Terre vue du ciel

Prendre du recul pour mieux voir, explorer les zones les plus inaccessibles, répéter les observations pour obtenir une vision globale et quasi continue de la Terre... Les satellites ont changé notre regard sur notre "village planétaire" !

Les premières images

Des premières observations réalisées à partir de fusées-sondes américaines dérivées du *V2* allemand, aux photos rapportées lors des premiers vols habités, la vision spatiale a vite montré ses multiples avantages. C'est en 1969, avec la mission *Apollo 9*, qu'a eu lieu la première véritable observation scientifique de la Terre, grâce à une installation de quatre appareils photographiques munis de filtres appropriés. Cette expérience a clairement montré l'intérêt des photos spatiales dans de nombreux domaines, et ouvert la voie à leur utilisation pour la cartographie, l'aménagement du territoire, la surveillance de l'état des cultures et des forêts, la géologie, l'hydrologie...

Image en 3D du Grand Canyon du Colorado, obtenue en combinant les données visibles et infrarouges captées par le satellite américain Terra.

Voir dans toutes les couleurs

La télédétection spatiale permet d'établir progressivement un état des lieux global de notre planète. Selon leur nature, les éléments de la surface terrestre réfléchissent de manière différente les rayonnements du Soleil. Équipés de capteurs spécifiques, les satellites mesurent le rayonnement réfléchi dans certaines couleurs de lumière, y compris des couleurs invisibles pour l'œil humain ; le proche infrarouge, par exemple, renseigne les photo-interprètes sur la température des objets observés. D'autres technologies, comme le radar, consistent à envoyer depuis le satellite un signal vers la surface et à analyser le retour de ce signal, son temps de trajet, ses modifications éventuelles. Ces techniques nous informent sur la nature de la surface et sur son éloignement ; elles permettent aussi de s'affranchir de l'éclairage solaire et donc d'observer la nuit ou par temps nuageux, contrairement aux satellites optiques.

« C'est magnifique, je vois la Terre, les forêts, les nuages... » Lors du premier vol d'un cosmonaute en 1961, Iouri Gagarine exprimait en ces termes son émerveillement face au spectacle de sa planète, qu'il admirait depuis le hublot de sa cabine spatiale Vostok 1.

L'astronaute Gordon Cooper put faire, à partir de sa capsule Mercury *en mai 1963, des observations extrêmement précises. Survolant l'Égypte, il distingua nettement le sillage d'un bateau sur le Nil, puis, au-dessus du Tibet, il aperçut des maisons aux cheminées fumantes !*

Prévenir et guérir

L'observation de la Terre par satellite est très utile dans la gestion des risques naturels. Une surveillance régulière permet de déceler la formation d'un cyclone tropical ou les déformations du sol préalables aux secousses sismiques ou aux éruptions volcaniques, et donc de déterminer des plans d'évacuation des zones à risques. Après une catastrophe, les images spatiales des zones atteintes aident à évaluer les dégâts et à organiser des secours. En nous fournissant un point de vue extérieur sur la Terre, ces images nous font prendre conscience que nous sommes embarqués sur un vaisseau spatial unique en son genre, que nous devons protéger à l'usage des générations futures !

Lors d'incendies de forêts, comme ici au Portugal en été 2006, l'image satellite permet de localiser les zones d'intervention avec précision.

DES ORBITES PRIVILÉGIÉES

Placés sur une orbite polaire basse, entre 700 et 900 km d'altitude, les satellites de télédétection survolent inlassablement la Terre d'un pôle à l'autre. Pendant ce temps, la planète poursuit sa rotation quotidienne sur elle-même. À chaque passage du satellite, elle présente donc à ses capteurs une nouvelle bande de terrain ; il observe ainsi de manière régulière et répétitive la totalité de la surface terrestre (voir dessin). *De plus, l'inclinaison de son orbite peut permettre au satellite – dit héliosynchrone – de toujours survoler une même zone à la même heure solaire, dans des conditions d'éclairement stable. Tel est le cas pour la plupart des satellites d'observation de la Terre* (Landsat, Spot *et* Envisat).

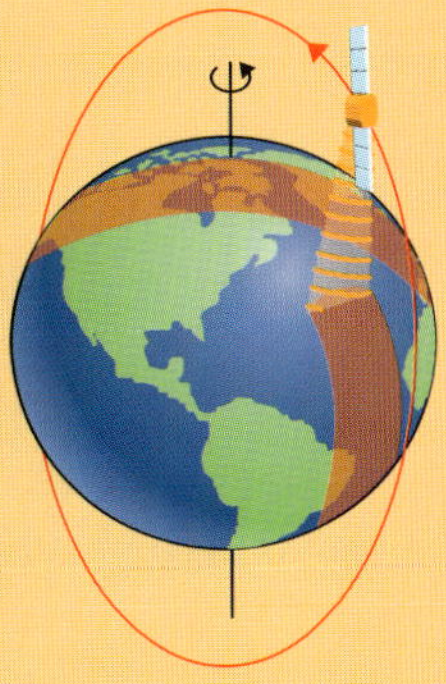

La très haute résolution (ou précision d'observation) des satellites modernes permet de visualiser des détails comme ces îles (Palm Islands et World Islands) construites par l'homme sur les côtes de Dubaï.

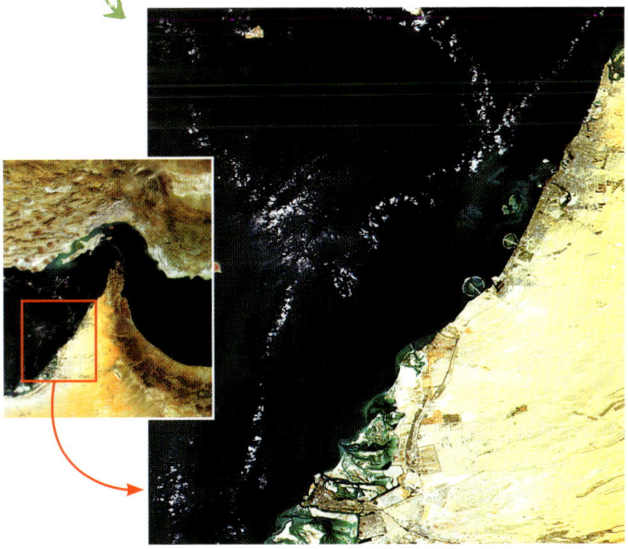

Lancé en 1972, le satellite américain Landsat 1 *fut le premier satellite civil dédié à l'observation de la Terre. Il couvrait à chacun de ses passages une bande de 185 km de large avec une résolution de 80 m.*

Les premières images de la Terre "vue de dessus" ont été prises en ballon. Puis la photographie aérienne (vue d'avion) a fait ses preuves auprès des géographes et des militaires. Aujourd'hui, des missions aériennes ponctuelles restent possibles, mais elles se révèlent plus coûteuses que les images spatiales.

Les nuages vus de dessus

Chaque jour, des images satellites de la couverture nuageuse apparaissent sur notre écran de télévision. Pourtant, la véritable révolution apportée par le spatial dans notre compréhension des phénomènes météorologiques est encore à venir.

De la météorologie...

Qu'il s'agisse de choisir ses vêtements le matin, de préparer le travail sur un chantier ou une pêche en mer, la "météo" touche tout le monde. Elle nécessite d'étudier la troposphère, cette très fine couche d'air de 10 km d'épaisseur dans laquelle nous vivons et qui contient les nuages. Imaginées dans les années 1960, les techniques spatiales d'observation de l'atmosphère ont acquis progressivement leurs lettres de noblesse. Les premières images montraient les nuages tels qu'on aurait pu les voir "de dessus", à l'œil nu. Depuis 50 ans, les capteurs embarqués sur les satellites ont bénéficié des nombreuses avancées technologiques et permettent maintenant de mesurer avec précision humidité, température de l'air et vitesse des vents aux différentes altitudes. En combinant les données réunies par les satellites placés en orbite polaire *(voir p. 51)* et les images presque globales obtenues par les satellites géostationnaires *(voir p. 7)*, les météorologues réalisent des prévisions qui peuvent être fiables avec 10 jours d'avance. L'Organisation météorologique mondiale (OMM), institution spécialisée des Nations-Unies, assure les échanges d'informations et la standardisation des mesures indispensables à cette Veille météorologique mondiale (VMM).

La vapeur d'eau de la Terre, vue depuis l'orbite géostationnaire par le satellite MSG (Météosat Nouvelle Génération).

Le 1er avril 1960, les États-Unis lancèrent sur une orbite polaire Tiros 1, *premier satellite météorologique à fonctionner avec succès. Pendant sa courte vie de 78 jours, il démontra l'utilité des prises de vues télévisées de l'atmosphère, qui depuis ont été relayées par les images numériques.*

L'altimétrie radar a permis de mesurer avec précision l'altitude des océans en tous points du globe, révélant une surface océanique parsemée de creux et de bosses pouvant atteindre une centaine de mètres de hauteur, et permettant d'établir des cartes mondiales des courants marins.

... à la climatologie...

Depuis les années 1970, les satellites mesurent, décryptent, surveillent systématiquement la Terre et son enveloppe atmosphérique. Tournant autour d'elle à des vitesses environ mille cinq cents fois supérieures à celle d'un navire, ils nous offrent aujourd'hui en complément une vision globale des océans en quelques jours. Toutes ces observations, enregistrées en continu depuis plus de 10 ans, constituent une base de données inestimable pour la modélisation du climat. Elles nous ont permis de comprendre qu'une des clés de son fonctionnement réside dans les échanges thermiques entre l'atmosphère et l'océan. L'océan est donc le principal régulateur du climat global, et ses variations de température et de niveau, qui provoquent des perturbations générales du système, doivent être surveillées.

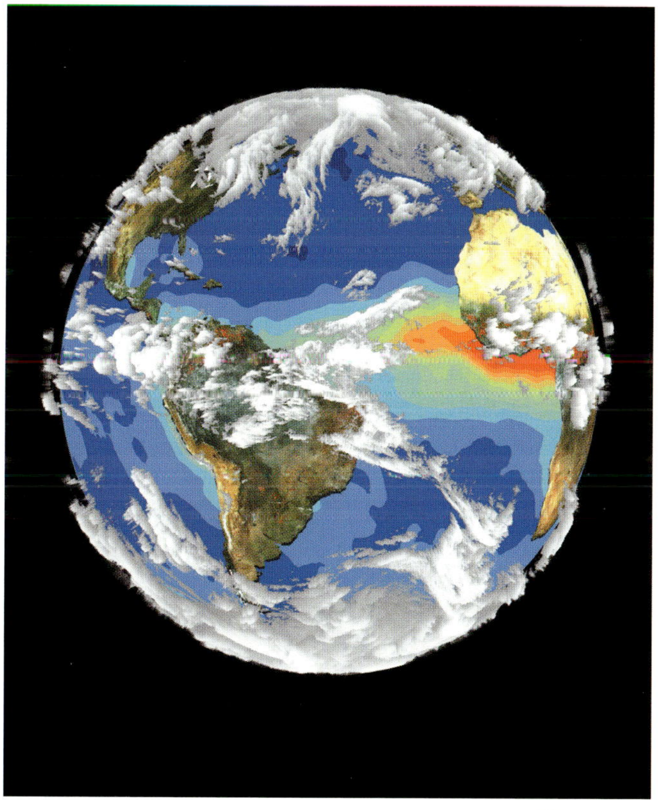

En croisant les données obtenues par les différents satellites d'observation de la Terre, on obtient une image de notre planète qui rappelle les liens essentiels entre le climat, la végétation, la circulation océanique et les activités humaines.

L'IMAGE DU JOUR

Le rendez-vous quotidien avec la météo télévisée nous présente des "animations satellites". Pour autant, aucun satellite, si puissant soit-il, ne peut photographier le temps qu'il fera demain ! Les données obtenues les jours et heures précédents sont intégrées dans de puissants ordinateurs. Grâce à des programmes appelés modèles de prévision, interprétés et ajustés par des spécialistes, on peut calculer l'évolution prévisible de la couverture nuageuse et présenter des images du futur !

... en passant par la prévention des risques

Depuis les tempêtes de 1999 et la canicule de 2003, avec les "avis de vigilance", on est passé de la prévision du temps à la prévention des risques. Sécheresses, inondations, tempêtes : entre 1985 et 1999, les dépenses liées aux conséquences des phénomènes météorologiques en Europe ont été estimées à plus de 115 milliards de dollars. La prévention des risques est ainsi devenue un véritable enjeu économique. Les satellites sont des pièces essentielles du réseau de surveillance, qui combine les données spatiales et celles fournies par les outils du type ballons-sondes ou stations météo (terrestres et marines).

Tout autour du globe, les tempêtes créent d'énormes dégâts humains et économiques.

Les connaissances acquises sur les modes de circulation de l'atmosphère terrestre nous aident à aborder la météorologie des géantes gazeuses du système solaire. On a ainsi compris que la tache rouge observée dans l'atmosphère de Jupiter par les sondes Pioneer révèle un anticyclone aussi vaste que la Terre.

Au large de l'Amérique latine, les eaux du Pacifique se réchauffent parfois à la période de Noël. Le satellite Topex-Poséidon a permis de suivre le déplacement de ce courant chaud surnommé El Niño, et de faire le lien entre sa formation et l'affaiblissement des vents alizés dans le Pacifique Ouest.

Communiquer tous azimuts

S'il est un domaine d'application des activités spatiales particulièrement développé, c'est bien celui des télécommunications. Pas moins de 400 des 500 satellites actuellement en fonctionnement autour de la Terre lui sont consacrés !

Des relais tous terrains

L'objectif de la communication est de faire passer un signal, quel qu'il soit, d'un émetteur à un récepteur. Au cours d'une conversation, le signal – la voix – doit aller de l'émetteur – le larynx de celui qui parle – au récepteur – l'oreille de celui qui écoute. Si les deux personnes sont présentes c'est assez simple, mais dans le cas d'une communication à distance, une télécommunication, des relais peuvent être nécessaires. Et quels meilleurs outils imaginer pour faire circuler le signal que des satellites qui, surplombant la Terre, se moquent de ses reliefs et de sa courbure ? Ils peuvent ainsi relayer non seulement des conversations téléphoniques, mais aussi des liaisons Internet, des émissions de radio ou de télévision, des signaux de localisation...

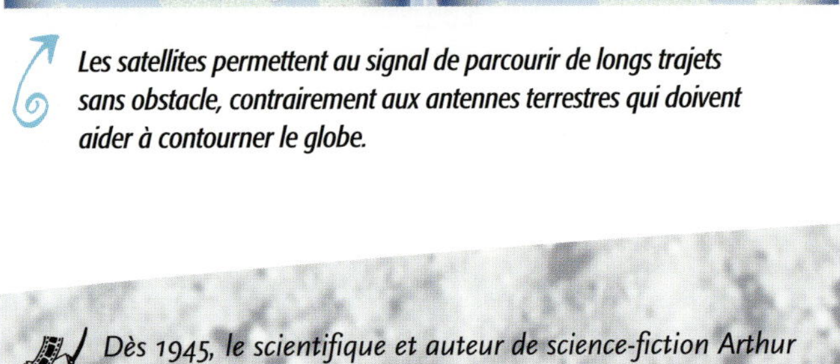

Les satellites permettent au signal de parcourir de longs trajets sans obstacle, contrairement aux antennes terrestres qui doivent aider à contourner le globe.

Satellites de télévision

De nombreux satellites destinés à la diffusion de programmes télévisés sont placés sur l'orbite géostationnaire, à 36 000 km d'altitude *(voir p. 7)*. Le satellite fait face en permanence à la même zone géographique, permettant une couverture continue de la zone visée par les émissions, comme pour *Arabsat*, par exemple, positionné face aux pays de la Ligue arabe. Il suffit par ailleurs de trois satellites correctement positionnés sur cette orbite, et qui relaient entre eux les émissions, pour bénéficier d'une couverture mondiale. Le réseau *Intelsat*, composé au départ de trois satellites installés respectivement au-dessus des océans Atlantique, Indien et Pacifique (et beaucoup plus fourni à l'heure actuelle), a ainsi permis la diffusion en mondiovision d'événements de portée internationale, comme les grandes rencontres sportives qui comptent des spectateurs inconditionnels dans tous les pays !

Dès 1945, le scientifique et auteur de science-fiction Arthur C. Clarke, grand visionnaire de l'ère spatiale et coscénariste de 2001 : l'Odyssée de l'espace, *eut l'idée de l'orbite géostationnaire sur laquelle trois satellites judicieusement répartis permettraient de relier n'importe quels points du globe.*

Ironie de l'histoire, le premier événement retransmis en direct sur les télévisions du monde entier grâce au réseau de mondiovision Intelsat *fut un événement... spatial : il s'agit des premiers pas de l'homme sur la Lune en juillet 1969 !*

Localiser les objets mobiles

D'autres systèmes spatiaux de communication sont dédiés à la localisation d'objets mobiles. Voiliers, explorateurs des milieux extrêmes, mammifères marins en migration peuvent être équipés d'une balise émettrice, de même que les courants océaniques grâce à des bouées dérivantes ; quand le signal émis est capté par l'un des satellites de surveillance, celui-ci enregistre sa position et la retransmet aux stations au sol. Plusieurs satellites placés sur des orbites d'inclinaison différente à moyenne altitude permettent de couvrir rapidement l'ensemble du globe, ce qui représente un atout indispensable en cas d'urgence. Depuis sa mise en service en 1982, le système de localisation des signaux de détresse *Cospas-Sarsat* a aidé au sauvetage de plus de 20 000 personnes.

En 1986, suivi par satellite, l'explorateur Jean-Louis Étienne devient le premier homme à atteindre le pôle Nord en solitaire.

Préparatifs d'une transat en solitaire, avec l'installation d'une balise Argos*.*

Se repérer en tout lieu

Certains systèmes, nécessitant encore plus de satellites, permettent de se repérer directement depuis l'objet en mouvement. Un promeneur équipé d'un *GPS* (*Global Positioning System*, conçu au départ pour les besoins de l'armée américaine) peut connaître sa position grâce au repérage du signal émis par les satellites concernés. Le temps mis par le signal pour aller du satellite au promeneur (et revenir) donne la distance qui les sépare. La position de chacun des satellites étant calculée très précisément à chaque instant et confirmée par des balises fixes, la corrélation entre plusieurs de ces distances donne la position exacte du promeneur !

Le système de navigation européen Galileo*, encore plus précis que le* GPS*, sera utilisé pour les transports, la pêche et l'agriculture, la protection civile, le bâtiment et les travaux publics.*

Les ondes électromagnétiques, porteuses de l'information, voyagent à la vitesse de la lumière dans le vide spatial, soit 300 000 km/s. Le "détour" par les satellites géostationnaires, répartis le long des 265 000 km de cette orbite, leur prend donc moins d'une seconde !

Les projets de constellations de satellites de téléphonie mobile, que l'on pensait être l'une des grandes applications des télécommunications spatiales, ont pour l'instant été pour la plupart abandonnés, les nouvelles technologies terrestres ayant permis des liaisons beaucoup plus économiques.

Des observatoires en plein ciel

Compléments des observatoires terrestres, les télescopes spatiaux, en s'affranchissant des effets de l'atmosphère, nous ont véritablement ouvert une fenêtre sur l'univers, et permettent aux astronomes d'étudier les phénomènes complexes qui s'y déroulent.

Le télescope spatial infrarouge Spitzer.

Sortir de la couverture atmosphérique

L'unique source d'information à notre disposition concernant l'univers est le rayonnement que nous recevons des étoiles et galaxies qui le composent. Heureusement pour notre santé, l'atmosphère terrestre nous protège de la plupart de ces rayonnements. Depuis la Terre, nous ne voyons donc presque rien, et la qualité de nos observations est perturbée par les turbulences de l'atmosphère. Dès le lancement des premières fusées-sondes au lendemain de la Seconde Guerre mondiale, il est apparu indispensable de placer des télescopes dans l'espace pour mieux voir le ciel. Actuellement, une dizaine d'observatoires spatiaux auscultent et mesurent en permanence notre univers, et une demi-douzaine d'autres sont prévus avec pour mission de percer les mystères de son origine et de le cartographier très précisément. Dans ce domaine où la coopération internationale est incontournable, l'Europe s'est imposée comme l'un des acteurs majeurs.

Spectacle en Technicolor

Notre œil ne capte qu'une infime partie des rayonnements émis par les étoiles, la lumière "visible". Les télescopes spatiaux sont, eux aussi, très spécialisés. Ceux qui travaillent en lumière radio ou en micro-ondes aident à mieux distinguer les gaz interstellaires. Les images obtenues dans le domaine infrarouge nous permettent d'étudier la naissance des étoiles, et les observations dans l'ultraviolet nous montrent les nuages de gaz des pouponnières d'étoiles. Les longueurs d'onde plus énergétiques – rayons X et rayons gamma – nous dévoilent des phénomènes violents tels que l'explosion des supernovae (de grosses étoiles en fin de vie), ou de gigantesques dégagements d'énergie dont on ignore encore l'origine.

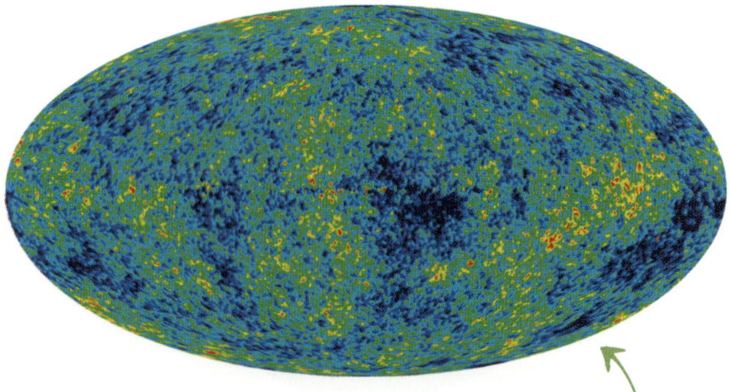

L'observation du ciel en micro-ondes nous montre à quoi pouvait ressembler l'univers il y a 13,7 milliards d'années. Les galaxies sont issues des petits points en couleur sur cette image.

Le satellite Galex *nous montre les bras spiraux des galaxies M81 et M82, très lumineux en lumière ultraviolette parce qu'ils contiennent de nombreuses étoiles jeunes.*

Étant donné le temps mis par les images à se propager, même à la vitesse de la lumière, regarder loin dans l'espace revient à observer le passé. Si d'éventuels habitants de la galaxie d'Andromède, située à 2,55 millions d'années-lumière, observaient aujourd'hui la Terre, ils verraient nos ancêtres tailler des silex...

Le successeur de Hubble, *le* James Webb Spatial Telescope (JWST), *dont le lancement est prévu pour 2013, ne pourra bénéficier des mêmes avantages de maintenance, car il sera installé à 1,5 millions de kilomètres de la Terre (contre 600 km pour* Hubble*), hors de portée des astronautes !*

Un observatoire célèbre

Le *HST, Hubble Space Telescope*, est connu pour les magnifiques images qu'il nous a transmises. Il a été conçu pour pouvoir être réparé et amélioré afin de suivre les progrès de la technique. Mis en orbite en avril 1990 par la navette américaine *Discovery*, ce télescope de 11 t et 13 m de long a un champ d'observation qui va de l'infrarouge à l'ultraviolet, en passant par la lumière visible. Il a déjà reçu quatre remarquables missions de maintenance *(voir p. 36 et p. 44-45)*.

Conçu pour étudier le cœur des étoiles et observer le passage d'éventuelles planètes dans leur lumière, Corot *est le premier télescope spatial dédié à la recherche d'exoplanètes de type rocheux.*

À la recherche des exoplanètes

L'un des objectifs les plus prometteurs des observatoires spatiaux est le recensement des planètes extérieures au système solaire – ou exoplanètes – qui tournent autour d'autres étoiles. Déjà, depuis la Terre, plus de deux cents d'entre elles ont été repérées. Elles sont le plus souvent très grosses et gazeuses, mais quelques-unes moins massives et possiblement rocheuses, situées dans des zones que l'on suppose "habitables", ont elles aussi été détectées. Certains télescopes sont entièrement consacrés à cette recherche, et leurs successeurs pourront peut-être un jour nous fournir des images des continents et des océans de ces planètes. Enfin, c'est des télescopes spatiaux que l'on attend la preuve éventuelle qu'une forme de vie existe quelque part dans l'univers.

Hubble *nous montre, dans la nébuleuse de l'Aigle, une tour de gaz froids garnie de poussières issues de la pouponnière d'étoiles. Sa hauteur (9,5 années-lumière, soit 89 000 milliards de km) est à l'échelle de l'univers !*

En 1965, une antenne conçue pour recevoir des signaux satellites capta un signal inconnu. L'antenne fut nettoyée, sans résultat. Cette découverte du rayonnement fossile, conséquence de la création de l'univers, valut aux concepteurs de l'antenne, Penzias et Wilson, le prix Nobel de physique.

Dans De la Terre à la Lune, *Jules Verne décrit un télescope terrestre capable d'observer l'arrivée de son boulet sur la Lune. Il le place sur une montagne afin de réduire la perturbation liée à l'épaisseur de l'atmosphère, idée novatrice à l'époque mais couramment appliquée aujourd'hui.*

Explorations spatiales

Dès le début de l'astronautique, les hommes ont eu l'idée de confier à des machines automatiques le soin d'aller explorer les corps célestes qui nous entourent et de collecter sur place des informations, pour les renvoyer vers la Terre par radio.

Départ de la sonde Galileo, *lancée en 1989 par la navette* Atlantis.

Tourner autour

Les sondes spatiales suivent des trajectoires courbes qui s'efforcent de croiser les objets de notre système solaire – planètes, comètes ou astéroïdes. Arrivées à destination pour prendre des photographies, effectuer des mesures ou réaliser une cartographie, ces sondes peuvent se placer en orbite autour de l'astre visé ; elles prennent alors le nom d'orbiteurs. C'est parfois leur seule mission, comme ici dans le cas de *Mars Express*.

Aller voir

Pour qu'un engin parte à la rencontre des planètes voisines, il faut lui communiquer, grâce à son lanceur – et parfois à des moteurs supplémentaires – une vitesse suffisante. À partir de 11,20 km/s, l'engin peut quitter l'orbite terrestre et à partir de 16,60 km/s, il peut quitter le système solaire ! On donne à ces objets totalement libérés de l'attraction* terrestre le nom de sondes spatiales.

Se poser

Arrivé directement ou largué depuis un orbiteur, un atterrisseur peut tenter de se poser à la surface pour observer les reliefs ou analyser la composition du sol. Il est pour cela aidé de parachutes, de moteurs-fusées, ou bien calfeutré dans de gros ballons gonflables, les airbags.

Les airbags de la sonde Pathfinder *sont testés sur Terre.*

S. Shallon, un ingénieur américain, las de voir les sondes soviétiques chargées d'emblèmes aux couleurs de l'URSS, glissa secrètement un petit drapeau américain dans l'un des tubes de Surveyor 1 *: il permit ainsi à la bannière étoilée d'atterrir sur la Lune dès juin 1966, 3 ans avant* Apollo 11 *!*

En tentant de percuter la Lune en 1959, Luna 1 *devint la première sonde spatiale ainsi que la première "planète artificielle" orbitant autour du Soleil, démontrant la possibilité des vols interplanétaires. Pour célébrer cet événement, les Soviétiques la rebaptisèrent* Mechta *– "rêve", en russe.*

SE DÉGOURDIR LES ROUES

Une fois sur l'astre, les atterrisseurs, fixes, passent parfois le relais à de petits véhicules mobiles pilotés depuis la Terre, les *rovers (Lunokhod, Spirit, Opportunity)*. Ces robots explorent les environs du site d'atterrissage et réalisent des analyses sur place.

Le rover Spirit *photographie une roche au microscope sur Mars.*

PERCUTER

La manière forte est aussi utilisée par les sondes qui larguent des impacteurs. Lorsqu'ils s'écrasent, ils éjectent les matériaux du sous-sol, qui sont alors analysés par la sonde. À l'issue de leurs missions, certaines sondes lunaires ont été elles-mêmes précipitées vers la surface, provoquant des impacts dont les effets ont été suivis depuis la Terre *(voir p. 30)*.

En 2005, l'impacteur de Deep Impact *(370 kg pour 1 m de haut) percute le noyau de la comète Tempel 1.*

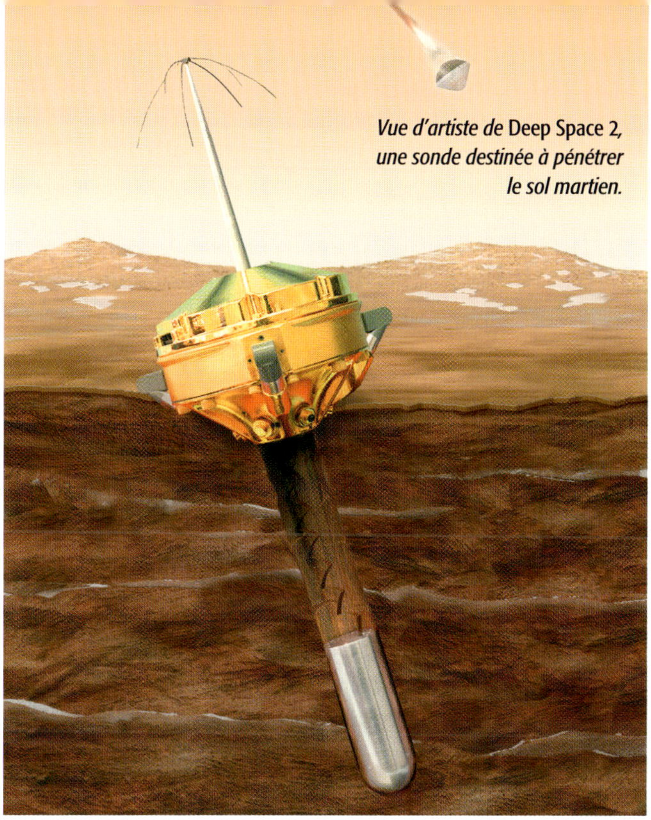

Vue d'artiste de Deep Space 2, *une sonde destinée à pénétrer le sol martien.*

PÉNÉTRER

Lors de sa descente dans l'atmosphère visée, la sonde peut larguer des ballons porteurs d'instruments de mesure (pression, température, vitesse du vent...) ; ceux de *Vega 2* ont ainsi dérivé pendant près de 2 jours au-dessus de la planète Vénus. Il arrive également que des sondes lâchent des pénétrateurs qui rentrent dans le sol afin d'y effectuer des mesures.

TÉMOIGNER

Quelle que soit la mission des sondes (orbiteurs, atterrisseurs, *rovers*...), les hommes n'ont pu s'empêcher d'y ajouter des messages destinés à signaler leur existence à d'autres êtres vivants susceptibles de recueillir cette information. Les sondes sont ainsi devenues les ambassadrices de l'humanité...

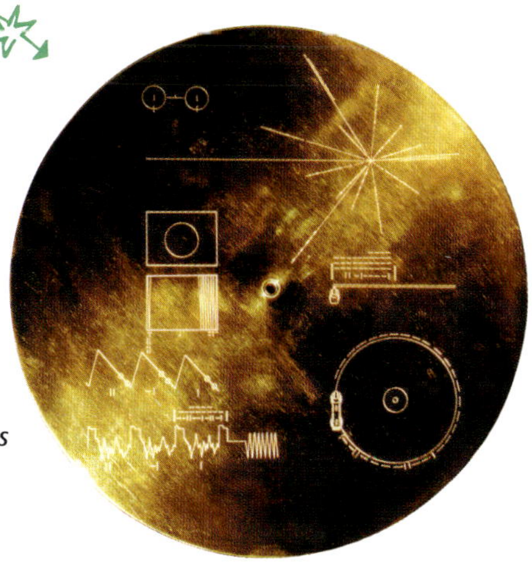

Ce disque gravé sur les sondes Voyager *emporte au-delà du système solaire un message des habitants de la Terre.*

Le 4 juillet 2005, l'impacteur de Deep Impact *provoqua un cratère de 30 m sur la comète Tempel 1. Marina Bai, une astrologue russe, estima que la modification de l'orbite de la comète perturbait ses horoscopes et déposa une plainte auprès de la NASA ! Pour l'instant, elle n'a pas obtenu réparation...*

Les premières roues à tourner sur un astre autre que la Terre furent celles de Lunokhod, *en 1970. Si l'on totalise toutes les roues de véhicules lunaires ou martiens, le cap des cinquante a été atteint en janvier 2004 avec celles des deux rovers martiens* Spirit *et* Opportunity.

Mars, objet de toutes les attentions

Mars la rouge, notre plus proche voisine, captive depuis longtemps astronomes et artistes. L'avènement des sondes d'exploration spatiale, dont elle va devenir l'un des objectifs privilégiés, permettra-t-il de lever le voile sur quelques-uns de ses mystères ?

Le relief de Mars

Ici aussi, dès 1960, les Soviétiques sont les pionniers, sans grand succès. En 1965, la sonde américaine *Mariner 4* survole la planète et prend vingt-deux photos qui révèlent un sol creusé de cratères d'impact. En 1971, *Mariner 9* est la première sonde à se placer en orbite autour de Mars ; après une tempête de poussière qui dure 2 mois, elle peut enfin cartographier la planète rouge. Ses images font apparaître la plus haute montagne du système solaire – le volcan Olympus Mons –, le plus grand système de failles d'effondrement jamais observé – Valles Marineris –, et surtout des reliefs creusés par des écoulements d'eau passés. Mais si l'eau a bien coulé sur Mars, cette dernière a-t-elle abrité la vie ?

Pareil à une grosse cicatrice, Valles Marineris, ainsi nommé en hommage à Mariner 9 *qui l'a découvert, est un vaste réseau de vallées très encaissées, large de 700 km, dont la profondeur peut atteindre 10 km !*

Le sol rocailleux de Mars vu par Viking 2.

Les explorateurs *Viking*

Les Américains entreprennent alors une importante mission composée de deux orbiteurs. Ceux-ci vont larguer sur deux sites différents des atterrisseurs chargés de laboratoires scientifiques fixes : *Viking 1* se pose en juillet 1976, suivi de *Viking 2* en septembre. Ils nous envoient les premières photos en couleurs, très médiatisées, du sol martien, et réalisent pendant plus de 2 ans des analyses chimiques qui ne permettront pas de mettre en évidence les traces de vie tant recherchées.

L'un des clichés pris par Mariner 4 *de 12 600 km d'altitude.*

Pour atteindre Mars depuis la Terre, il faut profiter d'une "fenêtre de lancement", configuration favorable qui rapproche tous les 2 ans ces planètes dans leur course autour du Soleil. Il faut aussi tenir compte du déplacement des planètes pendant les 6 à 9 mois de voyage de la sonde !

Le taux d'échec des sondes martiennes – près de 60 % – est impressionnant. Sur les vingt-sept sondes lancées par les Soviétiques, on compte seize échecs et trois demi-succès. Certes, la distance à parcourir augmente la difficulté technique, mais certains évoquent une "malédiction martienne"...

Mars Express *photographie de la glace d'eau au fond d'un cratère de 35 km de diamètre.*

ÇA ROULE SUR MARS !

Le 4 juillet 1997, l'atterrisseur américain Pathfinder *délivre un petit* rover *de la taille d'une boîte à chaussures : le robot automobile télécommandé* Sojourner (ici en photo) *va arpenter durant presque 3 mois les environs de son site d'atterrissage. En janvier 2004, c'est au tour du gros* rover Spirit *de se poser, suivi de son frère jumeau* Opportunity *de l'autre côté de la planète. Toujours actifs après plus de 3 ans et une vingtaine de kilomètres parcourus, ces deux laboratoires ambulants ont confirmé que, dans le passé de Mars, l'eau a longtemps été présente.*

À l'assaut de Mars

En orbite martienne à partir de 1997, *Mars Global Surveyor* cartographie avec précision l'ensemble de la planète et découvre des traces récentes d'écoulement d'eau liquide. En 2001, l'orbiteur *Mars Odyssey* met en évidence de grandes quantités de glace dans le premier mètre du sol et sélectionne des sites possibles d'atterrissage. En décembre 2003, la première sonde planétaire européenne *Mars Express* fait son entrée en orbite martienne et confirme la présence de glace d'eau sous la neige carbonique au pôle sud martien. En mars 2006, la sonde américaine *Mars Reconnaissance Orbiter (MRO)* arrive à son tour.

Et demain ?

À ce jour, pas moins de cinq sondes automatiques sont au travail, qui révolutionnent notre vision de cette petite sœur de la Terre. D'autres s'apprêtent à les rejoindre et l'on espère franchir autour de 2020 l'étape du retour sur Terre d'échantillons de sol martien. Ces résultats considérables ne pourront être dépassés que lorsque nous serons capables d'envoyer sur Mars le plus efficace, mais aussi le plus fragile de nos moyens d'observation : l'homme lui-même !

Après les sondes, l'homme travaillera-t-il un jour sur Mars ?

En décembre 1971, en pleine tempête, l'atterrisseur soviétique de Mars 3 *se pose automatiquement sur Mars. Les retransmissions cessent au bout de 20 secondes. Relié par un câble, le premier robot martien a probablement commencé, dans l'ignorance générale, à avancer sur le sol...*

En 1999, la sonde Mars Climate Orbiter *se désintègre dans l'atmosphère martienne. Les ingénieurs qui l'ont conçue travaillaient pour certains avec les unités de mesure du système anglo-saxon, et pour d'autres avec le système métrique. Sans conversion, ces deux systèmes sont incompatibles !*

« Voyageuses » au long cours

Après les premières explorations des planètes proches, un nouveau défi se présente aux concepteurs de sondes spatiales : aller observer de plus près les géantes gazeuses lointaines – Jupiter, Saturne, Uranus et Neptune –, ainsi que leurs cortèges de lunes et d'anneaux.

Pioneer 10 en cours d'assemblage.

L'alignement magique

Prévu pour la fin des années 1970, un alignement planétaire exceptionnel, qui ne se produit que tous les 179 ans, donne aux Américains l'idée d'un grand voyage dans le système solaire qui permettrait d'approfondir nos connaissances sur les quatre planètes gazeuses encore inexplorées. Les sondes *Pioneer 10* et *11* sont envoyées en éclaireuses vers Jupiter en 1972 et 1973. Elles la survolent 20 mois plus tard, et renvoient les premières images de la plus grosse des planètes, ainsi que des informations sur la constitution de son atmosphère. *Pioneer 11* s'intéresse à sa gigantesque tache rouge, sorte d'anticyclone grand comme la Terre, puis s'éloigne encore vers Saturne, qu'elle atteint en 1979. Outre les premières photos et les mesures scientifiques de la géante aux anneaux, *Pioneer 11* lui découvre deux nouveaux satellites et un anneau supplémentaire.

En 1979, Voyager 1 *observe de près la grande tache rouge de Jupiter, une tempête active depuis plusieurs siècles.*

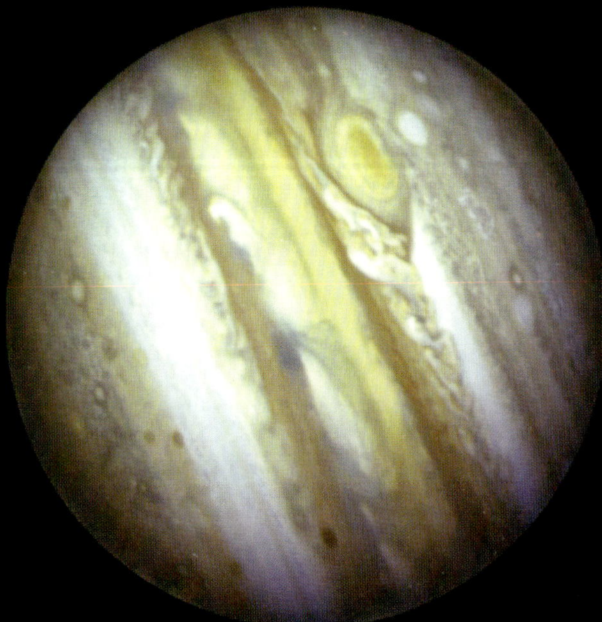

La technique d'assistance gravitationnelle permet d'accélérer une sonde en la faisant passer à proximité d'une planète et en profitant de l'effet de fronde que cela provoque. Cette méthode oblige à faire quelques détours, mais elle économise beaucoup d'énergie lors du lancement !

Les faibles signaux de Voyager 1 *et de* Voyager 2 *devraient nous parvenir jusqu'en 2010 ; vers 2020, les sondes seront respectivement à plus de 20 et 16,8 milliards de km du Soleil. Tout comme les* Pioneer, *elles poursuivront leur vol sans doute bien après que l'homme aura disparu de sa planète !*

À LA RENCONTRE DE LA COMÈTE

Un autre événement astronomique va donner aux scientifiques l'occasion de mieux connaître le système solaire : le passage de la célèbre comète de Halley, en 1986, mobilise deux sondes soviétiques, deux japonaises qui l'étudient de loin, et l'européenne Giotto *qui la frôle à moins de 596 km le 14 mars, nous faisant parvenir de précieux renseignements sur la structure et la composition de cette grosse boule de glace sale.*

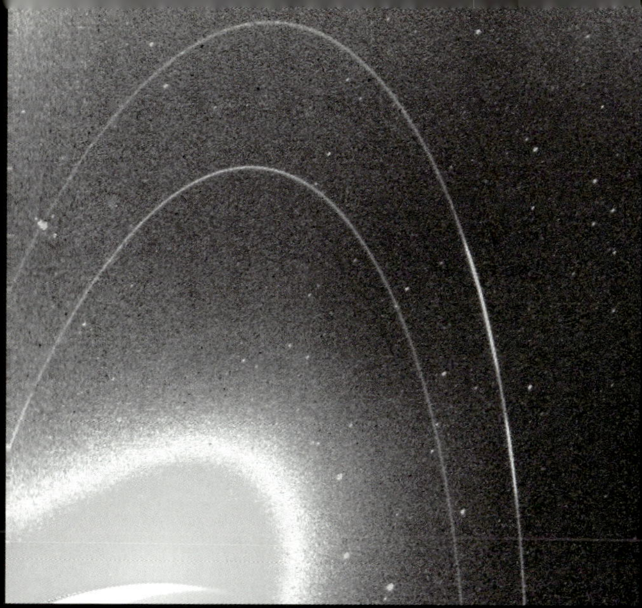

Les anneaux de Neptune vus par Voyager 2.

Le grand voyage

Lancées en été 1977, les deux sondes *Voyager* vont effectuer le même parcours que *Pioneer 11* et poursuivre l'étude de Jupiter, Saturne, Uranus, Neptune et de leurs innombrables lunes. Le passage près de Jupiter en 1979 révèle qu'elle possède un anneau très fin, et que son satellite Io est le siège d'un volcanisme actif. Son autre satellite Europe cacherait un océan liquide sous une croûte de glace. Les deux sondes survolent Saturne en 1980 et en 1981, lui trouvent encore trois nouveaux satellites et nous envoient des images détaillées de ses anneaux avant que les ingénieurs de la NASA ne dirigent *Voyager 2* vers d'autres objectifs.

Les planètes bleues

En 1986, *Voyager 2* survole Uranus, montre une dizaine de nouveaux satellites invisibles depuis la Terre et nous dévoile la surface très tourmentée du satellite Miranda. Les images envoyées par la sonde révèlent qu'Uranus possède elle aussi des anneaux d'une remarquable finesse. C'est une *Voyager 2* éprouvée par 9 années de vol et de multiples manœuvres qui se dirige vers Neptune. La sonde est reprogrammée pour pouvoir travailler dans la faible lumière des confins du système solaire. Le 25 août 1989, le bleu profond de l'atmosphère de Neptune nous apparaît, avec ses vents de plus de 2 000 km/h. Six minuscules satellites sont découverts ainsi que les anneaux qui ceinturent la dernière des géantes. Ce long périple de 12 années, qui se termine en apothéose, est à la base de nos connaissances sur le système solaire externe.

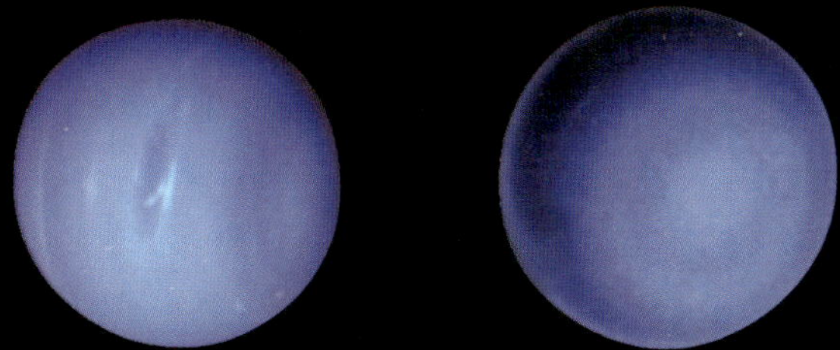

Sur ce photomontage, les quatre planètes gazeuses photographiées par Voyager 2 *sont représentées à la même échelle.*

Lancées il y a plus de 30 ans, les sondes Pioneer *continuent à faire progresser les sciences. L'étude de leurs signaux démontre qu'elles ralentissent sans raison. La possibilité d'un phénomène physique nouveau n'est pas écartée. Il porte dès à présent leur nom : l'"anomalie Pioneer".*

En plus des messages terrestres officiels embarqués sur les sondes Pioneer *et* Voyager *à destination d'éventuels extraterrestres, l'un des concepteurs n'a pu s'empêcher de laisser volontairement une belle trace de doigt cachée sur une sonde. De l'ADN humain pour les chercheurs d'une autre galaxie...*

Vers de nouveaux horizons

Les informations obtenues, grâce aux survols, dans les années 1980, des objets du système solaire externe, ont piqué la curiosité des planétologues. Une nouvelle vague de sondes automatiques est alors envoyée se placer en orbite autour des géantes ou approcher les objets lointains. Leur mission : répondre aux questions soulevées par les premières images...

Galileo *en orbite autour de Jupiter.*

Vue du sol de Titan comparé à celui de la Lune.

Dans les nuages de Jupiter

En 1989, les Américains lancent *Galileo* vers Jupiter depuis la navette *Atlantis*. Durant ses 6 années de voyage, cette sonde presque trois fois plus grosse que *Voyager* nous envoie les images de deux astéroïdes dont elle croise la trajectoire. Elle se place enfin en orbite en 1995, pour une durée initiale de 2 ans. Tournant régulièrement autour de Jupiter tous les 2 mois terrestres, *Galileo* étudie la planète et ses principaux satellites. Sa mission est prolongée à deux reprises, et ses instruments sont orientés vers le satellite Europe et son océan dissimulé sous la glace. Afin d'éviter de contaminer cet océan, *Galileo* est précipitée dans l'atmosphère de Jupiter où elle se désintègre en septembre 2003.

Titan, un nouveau monde

En 2004, c'est Saturne qui accueille son premier orbiteur, la sonde *Cassini*, pour une durée minimale de 4 ans. La dynamique des anneaux, la composition des satellites, l'atmosphère et la magnétosphère* de Saturne figurent à son programme d'étude. En décembre 2004, la sonde libère le module européen *Huygens* : son atterrissage sur le sol de Titan, le plus gros satellite de Saturne, le 14 janvier 2005, reste le moment fort de la mission. Avec un décalage de 67 minutes dû à la distance (près de 1 milliard et demi de kilomètres !), les scientifiques suivent sa descente dans les brumes de méthane vers un monde orangé, dont la géologie active ressemble probablement à celle de notre Terre primitive.

Le Soleil n'échappe pas à la surveillance des sondes. En 1994 et en 1995, l'Europe et les États-Unis envoient Ulysse *survoler ses pôles. Ils positionnent ensuite, entre la Terre et le Soleil, la sonde* Soho *chargée de nous renseigner sur sa structure interne, sur sa couronne et sur le vent solaire.*

Afin de médiatiser les missions planétaires, leurs concepteurs ont offert aux internautes la possibilité de laisser un message sur les sondes interplanétaires. Les noms de milliers de terriens ont ainsi percuté une comète ou se sont retrouvés sur le sol de Mars ou de Titan !

Poussières d'étoiles

L'étude des petits corps célestes (astéroïdes, comètes) qui ont subi peu de modifications depuis la formation du système solaire intéresse fortement les scientifiques. *Deep Space 1* survole l'astéroïde Braille en 1999 et photographie la comète Borrely en 2001, alors que *Stardust* se charge de l'astéroïde Annefranck et de la comète 81P/Wild 2, dont elle capture des poussières à destination de la Terre. La sonde *Near* se place en orbite autour de l'astéroïde Éros pour finalement s'y poser en 2001. Le Japon tente avec *Hayabusa* de ramener sur Terre des échantillons de roches de l'astéroïde Itokawa. De son côté, l'Europe lance *Rosetta* qui doit se placer en orbite d'une comète et y déposer un module d'analyse en 2014.

❶
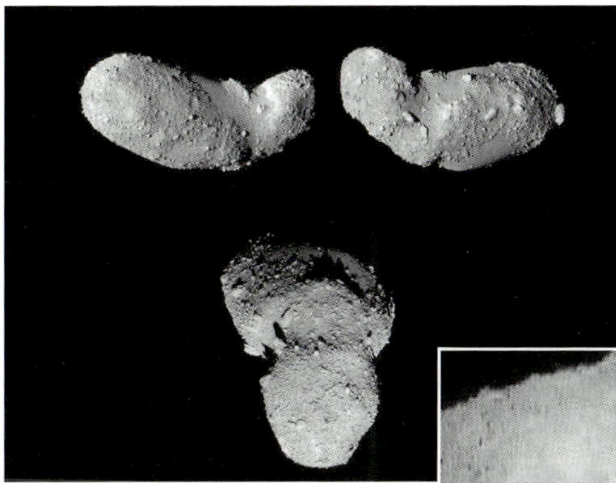

❷
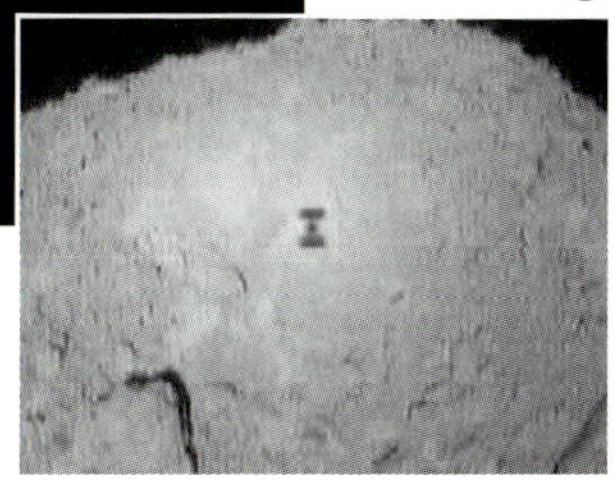

La sonde Hayabusa *survole l'astéroïde* Itokawa ❶ *et photographie... son ombre* ❷ !

L'aventure continue

Les quinze prochaines années s'annoncent prometteuses. Pluton, qui a perdu son titre de planète en 2006, sera la dernière à être visitée. En 2015, après un voyage de 6,4 milliards de kilomètres, la sonde américaine *New Horizons*, lancée en janvier 2006, nous fera découvrir son véritable aspect et celui de ses satellites – Charon, Nix et Hydra –, avant d'aller observer les miniplanétoïdes situés aux limites du système solaire. De nouveaux orbiteurs destinés à survoler Mercure et Vénus sont en préparation. Des analyses du sol de Vénus et un retour d'échantillons sont également en projet. Mais ce sont encore les deux satellites de Jupiter et Saturne, Europe et Titan, qui vont concentrer l'attention des scientifiques.

2015 : La grande antenne de 2,10 m de New Horizons *transmet à la Terre les premières images de Pluton et de son satellite Charon (vue d'artiste).*

Malgré toutes les tentatives des ingénieurs au sol, l'antenne principale de Galileo a refusé de se déployer dans l'espace. Les informaticiens ont dû reprogrammer la sonde en vol et utiliser une petite antenne annexe. Finalement, les chercheurs ont reçu plus d'informations que prévu !

Les noms des sondes rendent hommage aux astronomes du passé qui, à l'aide d'instruments simples, ont fait depuis la Terre des découvertes fondamentales. Ainsi Galilée, qui observa les premiers satellites de Jupiter, Cassini qui étudia les anneaux de Saturne et Huygens, le découvreur de Titan.

50 ans de conquête spatiale : L'aventure continue !

1997

2000

2005

2011

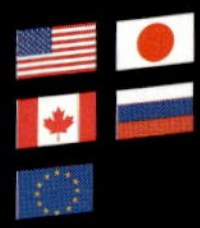

1957 : *Spoutnik 1*, premier satellite artificiel de la Terre.
1959 : *Luna 3* photographie la face cachée de la Lune.
1961 : Gagarine, premier homme dans l'espace.
1962 : *Telstar*, premier satellite permettant une liaison télévisée transatlantique.
1963 : *Syncom 2*, premier satellite géostationnaire de télécommunications.
1965 : Le cosmonaute Leonov effectue la première sortie dans l'espace.
1965 : *Mariner 4* prend les premières photographies de la planète Mars.
1966 : Premier alunissage d'une sonde automatique, *Luna 9*.
1969 : *Apollo 11*, premiers pas sur la Lune.
1971 : *Saliout 1*, première station orbitale.

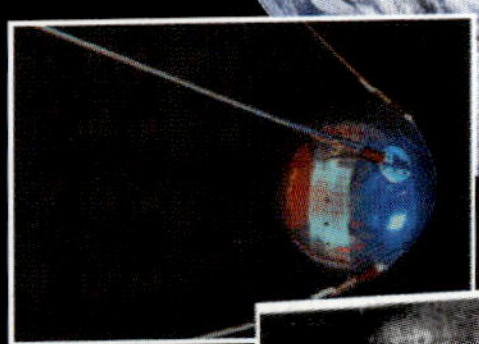

1957

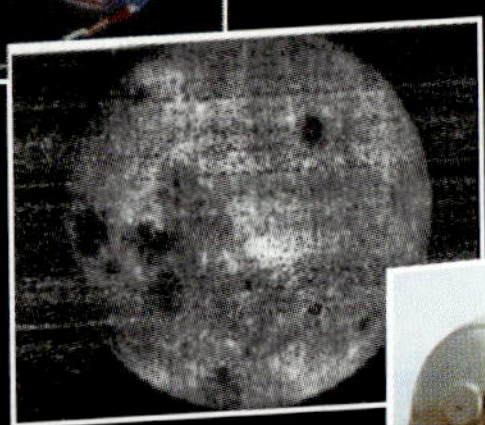

1959

1961

1962

1963

1965

Lancé en 1958, 5 mois seulement après Spoutnik 1, *le satellite expérimental américain* Vanguard 1 *est actuellement le plus ancien satellite artificiel encore en orbite autour de la Terre. Il a accompli à ce jour près de 200 000 orbites, soit plus de 10 milliards et demi de km.*

Voyager 1 *est aujourd'hui l'objet de fabrication humaine le plus éloigné de la Terre. La sonde a dépassé le 15 août 2006 la barrière symbolique de 100 UA (l'Unité Astronomique représente la distance Terre-Soleil). Elle avait rattrapé en février 1998* Pioneer 10, *qui fut la première sonde à sortir du système solaire.*

1995

1990

1989

1981

1979

1976

1972 : *Landsat 1*, premier satellite civil d'observation de la Terre.
1975 : Rencontre *Apollo-Soyouz*.
1976 : *Viking*, deux sondes laboratoires sur Mars.
1979 : Premier vol du lanceur européen *Ariane 1*.
1981 : Premier vol de la navette *Columbia*.
1989 : Dernière étape du grand tour de *Voyager 2* : le survol de Neptune.
1990 : *Hubble*, premier grand télescope spatial.
1995 : *Mir-Atlantis*, première jonction.
1997 : *Sojourner*, premier *rover* martien.
2000 : L'*ISS* reçoit son premier équipage.
2005 : *Huygens* se pose sur Titan ; c'est l'"atterrissage" le plus lointain à ce jour.
2011 : L'*ISS* est assemblée… Au travail !

1975

1972

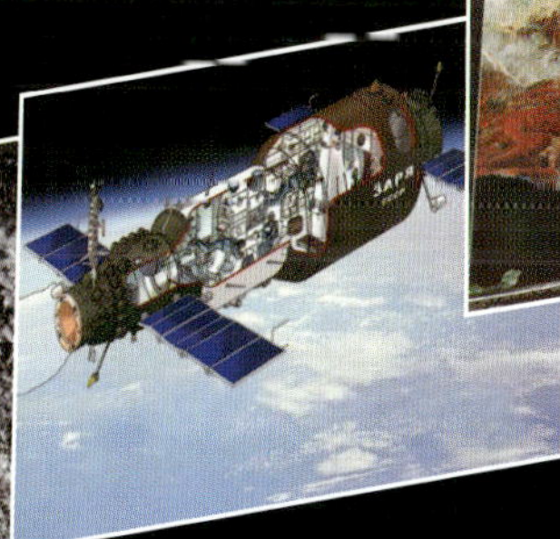

1971

1969

1966

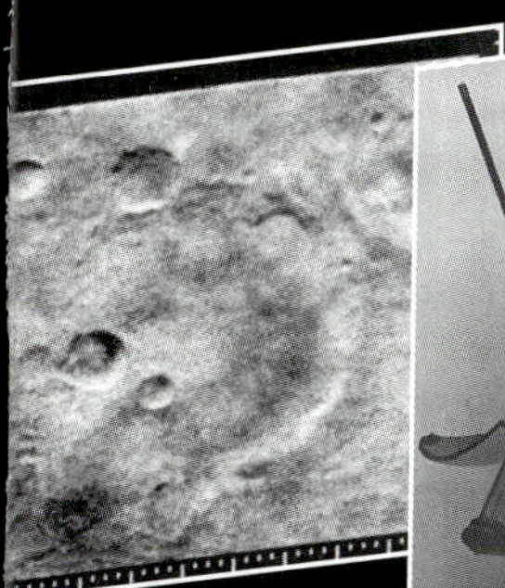

1965

Le site d'atterrissage sur Mars de Pathfinder *et du rover* Sojourner *fut baptisé Sagan Memorial Station, en hommage à l'astrophysicien et vulgarisateur Carl Sagan. Sur Titan, le nom de Hubert Curien, l'un des pères fondateurs de l'Europe spatiale, a été donné au site d'accueil de la sonde européenne* Huygens.

L'astronaute Mark Polansky a effectué, en décembre 2006, le 1 000ᵉ départ vers l'espace à bord de Discovery. *Sur 446 astronautes ayant volé dans le cosmos, 278 ont fait plusieurs voyages. Au total, ces 1 000 membres d'équipage ont séjourné 718 266 heures et 17 minutes dans l'espace, soit près de 82 ans !*

L'équipage du vaisseau fictif Pégase.

Partir, revenir...

Enfiler la prestigieuse tenue, s'installer aux commandes d'un vaisseau spatial et quitter la Terre pour quelques heures, quelques jours ou quelques mois... Si ce rêve se révèle parfois inaccessible, il existe bien d'autres façons de participer à l'aventure !

Une sélection draconienne

Si tu as attrapé le virus de l'espace et que tu rêves de devenir astronaute, sache qu'il y a beaucoup d'appelés et peu d'élus. Tous sont avant tout des spécialistes reconnus dans l'un des domaines proches de la conquête spatiale : pilotes d'essais pour les pilotes et ingénieurs de bord en charge de la conduite des véhicules spatiaux, ou scientifiques de haut niveau pour la mise en œuvre de missions spécifiques dans l'espace. De plus, chacun doit être polyvalent, notamment pour les missions à haut risque ; si le pilote vient à défaillir, c'est peut-être le médecin de bord qui ramènera l'équipage sur Terre, et le pilote lui-même doit pouvoir soigner le médecin si celui-ci se fait une entorse ! Outre ces conditions, il te faut une bonne santé, une grande stabilité psychique et bien sûr une excellente forme physique. Enfin, n'oublie pas que la maîtrise de l'anglais est obligatoire, et celle du russe fort appréciée !

L'équipage du Soyouz TM-22 *– avec au centre l'astronaute européen Thomas Reiter – se retourne pour un ultime au revoir avant le départ, sur les escaliers de la tour de lancement.*

À l'école de l'espace

Ça y est, tu as été sélectionné ! C'est maintenant que les véritables difficultés commencent. Quatre à cinq ans d'entraînement pour les astronautes de la NASA, à peine plus pour les cosmonautes russes – l'instruction des taïkonautes chinois est encore un mystère pour le reste du monde... Quant aux membres du Corps européen des astronautes, après une première année commune de formation à Cologne en Allemagne, ils partent chacun à leur tour suivre la préparation de l'équipe internationale avec laquelle ils accompliront leur mission. Les centres d'entraînement de la Cité des étoiles près de Moscou et de Houston au Texas accueillent les postulants au départ.

Quand on a goûté aux sensations spatiales, il semble difficile d'y renoncer ! John Glenn a piloté la première mission orbitale des États-Unis en 1962 dans le cadre du programme Mercury *; devenu entre-temps sénateur, il est reparti en 1998, à 77 ans, pour un dernier vol à bord de la navette* Discovery.

De nombreuses recherches médicales sont menées pour étudier sur Terre les réactions de l'organisme dans des conditions comparables à celles de l'impesanteur. Certaines cliniques recrutent des volontaires pour réaliser leurs expériences, et l'on peut ainsi devenir cobaye de la médecine spatiale !

Une préparation éprouvante

La majeure partie de l'emploi du temps se déroule en salle de classe et en simulateur, mais d'autres activités sont aussi au programme. Centrifugeuse et tabouret tournant (1) permettent de tester les réactions de l'organisme et d'habituer le corps aux désagréments de l'impesanteur et aux sensations du départ *(voir DVD, chap. 1)*. Les séances en piscine (2) servent à reproduire les gestes à réaliser en cas de sortie extravéhiculaire. Tous les incidents imaginables sont simulés pour permettre à l'équipage d'acquérir les réflexes nécessaires. Mais tous ceux qui se sont préparés à la mission ne partiront pas ; si l'un d'eux est soupçonné de maladie infectieuse, un remplaçant prendra sa place... Au contraire, si tout l'équipage pressenti est en pleine forme, c'est "l'équipe doublure" au complet qui, après avoir vécu l'entraînement jusqu'au bout, va rester au sol !

1
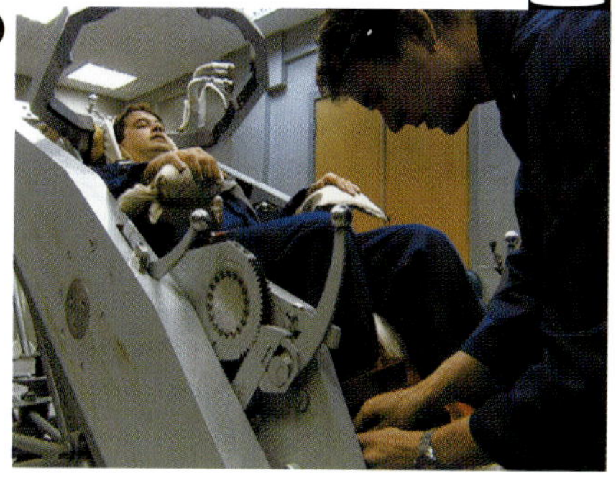

2

Le centre de contrôle communique en permanence, depuis la Terre, les conseils et les informations nécessaires aux astronautes.

Sans eux, rien ne serait possible

Tous les astronautes te le diront – modestie oblige –, le vol habité est une entreprise collective, et ils ne sont que le sommet bien visible d'une pyramide de compétences humaines. On prétend que, pour un homme dans l'espace, c'est une centaine d'autres qui travaillent au sol afin que tout se passe bien. Mettre au point, préparer, tester lanceurs et véhicules, assurer le suivi tout au long de la mission... autant de rôles à tenir sans lesquels il serait impossible de continuer l'aventure. Quand des vies sont en jeu dans l'espace, le moindre boulon doit être exactement vérifié et tous les maillons de la chaîne sont d'une même importance : vitale !

Après son premier voyage spatial en 1996, au cours duquel elle a mené des recherches en physiologie, Claudie Haigneré, première femme astronaute française, est repartie en tant qu'ingénieur de bord numéro 1 sur l'ISS en 2001 avant de devenir... ministre !

Au cours de la mise en quarantaine qui précède le départ des astronautes, le médecin au sol est l'une des dernières personnes à rester en contact avec eux. Il a déjà participé à leur sélection, suivi leur entraînement, et il continuera à leur prodiguer ses conseils par radio durant leur mission.

Les coulisses de l'exploit

Même lorsqu'il s'agit de missions automatiques, l'aventure spatiale est avant tout une aventure humaine ; de nombreux emplois gravitent autour de l'espace, pour ceux qui veulent tourner la tête vers le ciel tout en gardant les pieds sur Terre…

Montage d'un moteur Vulcain, *moteur principal d'*Ariane 5.

Les "hommes en blanc" s'activent sur le montage du télescope spatial infrarouge Herschel.

L'astronautique

La construction des engins spatiaux mobilise de nombreux corps de métiers. Calculer la meilleure structure, définir les matériaux en tenant compte des contraintes de légèreté et de résistance, munir les appareils des systèmes propulsifs et électroniques nécessaires à leur mission… toutes ces activités donnent naissance à des spécialités aux noms poétiques : ergoliers, motoristes, systémiers, équipementiers. Pour y accéder, pas de secret : nous sommes dans le domaine des technologies de pointe, et il faut emprunter les filières scientifiques !

L'intégration

Composés d'une plate-forme de base équipée de différents éléments, sondes et satellites doivent, avant leur grand départ, être assemblés et subir des tests. L'équipe d'essais qui se trouve à leur chevet durant cette étape déterminante possède des compétences en acoustique, en thermique et dans d'autres domaines de la physique spatiale.

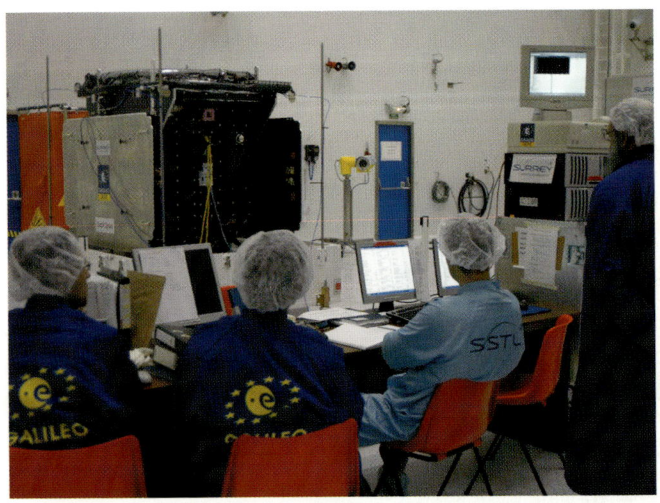

Le satellite GIOVE *face à son jury lors d'un test d'intégration.*

En 2001, le marché spatial mondial, c'est-à-dire l'ensemble des échanges financiers générés par les activités spatiales publiques et commerciales, représentait environ 167 milliards d'euros, l'équivalent du produit intérieur brut d'un pays comme la Grèce ou la Finlande. De quoi financer quelques emplois !

On estime qu'en Europe, 30 % des employés du secteur spatial partiront en retraite dans les 10 prochaines années, et 26 % dans les 5 prochaines années aux États-Unis. Si ces métiers t'intéressent, tu auras de nombreux postes à ta disposition lorsque tu auras terminé tes études !

Conteurs d'espace

Pour te donner le goût de l'espace, des médiateurs – journalistes scientifiques, écrivains spécialisés dans le documentaire ou la science-fiction, dessinateurs de bandes dessinées, muséographes et animateurs *(ici à la Cité de l'espace de Toulouse)* – tentent de relayer l'aventure spatiale auprès du public. Une seule idée résume à la fois les motivations et les qualités nécessaires pour tous ces métiers : l'envie de faire partager sa passion !

La tête dans les étoiles

L'exploration spatiale est un terrain de jeu privilégié de la recherche scientifique. Chaque découverte suscite de nouvelles questions et lance de nouveaux défis. Du fait des distances parcourues, il n'est pas rare qu'entre l'idée d'une mission et l'interprétation de ses résultats, se déroule la carrière tout entière d'un chercheur ! L'essentiel reste pour ce dernier de faire preuve d'ingéniosité, et parfois de tenter de dépasser les limites du raisonnable…

Jouer aux petites voitures peut être très sérieux pour un planétologue, surtout si ces voitures doivent ensuite rouler sur Mars !

Les hommes de l'ombre

Mettre en œuvre des systèmes spatiaux implique, au sol, de programmer les satellites ①, de contrôler leur trajectoire, de suivre leur mission ② et d'interpréter les résultats. Ce secteur emploie de nombreux spécialistes de l'informatique industrielle, mais aussi des télécommunications, de l'électronique, et bien sûr des différents domaines d'application des satellites. Comme l'industrie spatiale est mondialisée, les équipes sont internationales et tout le monde doit en plus parler anglais !

❶

❷

Il existe de multiples occasions pour les jeunes de se familiariser avec les activités spatiales : lancement de ballons-sondes et de microfusées, spectacles de planétarium ou autres observations astronomiques sont au programme de nombreux clubs, associations ou séjours de vacances.

La conquête de l'espace n'a que 50 ans mais déjà, répartis à travers le monde, de remarquables musées sauvegardent et présentent ce patrimoine technologique qui nous a permis de faire nos premiers pas hors de l'atmosphère et d'approfondir notre connaissance de l'univers.

Touristes de l'espace

Dans l'euphorie des premiers exploits technologiques et humains, l'espace semblait à la portée de tous. Si séjourner dans un hôtel orbital ou sur la Lune reste, pour quelque temps encore, réservé au cinéma, le tourisme spatial se développe à grande vitesse et ne serait plus aujourd'hui qu'une question de moyens financiers.

Des séjours de milliardaires

Pour financer son propre programme, l'Agence spatiale fédérale russe propose, par l'intermédiaire d'une société privée, des séjours d'une dizaine de jours à bord de *Mir* puis de l'*ISS* pour environ 15 millions d'euros. En 2001, le milliardaire américain Dennis Tito est le premier à s'offrir le voyage. D'autres suivent, dont l'Américano-Iranienne Anousheh Ansari *(ici en photo)*, qui devient en 2006 la première femme touriste spatiale. Il faut toutefois préciser que ces vols exigent une parfaite condition physique, une longue préparation (près de 2 ans) et bien sûr... de casser sa tirelire ! Les places sur l'*ISS* resteront limitées, mais les Russes parlent déjà de proposer, pour 100 millions de dollars, un aller-retour Terre-Lune...

SpaceShipOne *arrimé sous son avion porteur, le* White Knight

Petits bonds dans l'espace

Le X-Prize (rebaptisé depuis Ansari X-Prize par suite du cofinancement de la famille Ansari) est créé en 1996, à l'image des prix qui encouragèrent le développement de l'aviation au début du XXe siècle. Il promet une récompense à tout organisme non gouvernemental capable d'envoyer l'équivalent de trois personnes au-delà de 100 km d'altitude, la limite physique de l'atmosphère selon les normes internationales, et de renouveler l'exploit en moins de 2 semaines à bord du même engin. Le 4 octobre 2004, *SpaceShipOne* remporte le prix à l'issue de deux vols suborbitaux espacés de 5 jours. Le 21 juin 2004, il avait été le premier avion expérimental privé à dépasser l'altitude de 100 km.

C'est dans les années 1980, avec la navette, que l'espace s'est ouvert aux astronautes non professionnels. Cette première ouverture a pris fin en 1986 avec l'accident de Challenger et la mort de son équipage, dont une enseignante sélectionnée pour être la première "citoyenne de l'espace".

En mai 1919, Raymond Orteig, propriétaire américain d'hôtels de luxe, promit une récompense au premier aviateur qui relierait New-York à Paris sans escale. Huit ans plus tard, Charles Lindbergh reçut des mains de ce mécène de l'aviation le prix Orteig, qui inspirera le X-Prize à la fin du siècle.

Goûter à l'impesanteur

Utilisés depuis longtemps pour l'entraînement des astronautes, les vols paraboliques atmosphériques s'ouvrent petit à petit au public. Des avions spécialement aménagés décrivent une succession de paraboles* au cours desquelles, après réduction des moteurs, ils poursuivent d'abord une lente ascension avant de redescendre vers le sol ; ils font ainsi connaître aux passagers, à chaque fois, une vingtaine de secondes d'impesanteur *(voir p. 42)*. Il ne s'agit pas de vol "spatial", puisque l'on reste dans l'atmosphère, mais plutôt de quelques instants de rêve durant lesquels on se met dans la peau de l'astronaute...

Au sommet d'une parabole, dans la cabine de l'avion, on peut s'asseoir au plafond !

EXCURSIONS SPATIALES

Grâce à l'investissement d'un grand groupe privé, la société qui a mis au point SpaceShipOne *prépare pour l'horizon 2009 des vols suborbitaux à bord de son successeur* SpaceShipTwo. *Six passagers pourraient ainsi, au cours d'un vol parabolique atteignant les frontières de l'espace, vivre 7 minutes d'impesanteur. Partout dans le monde, des organismes commerciaux se lancent dans ce type de projets ; selon certaines études de marché, une clientèle fortunée de 15 000 personnes par an serait prête à débourser 100 000 dollars pour ces quelques minutes de bonheur !*

Les parcs spatiaux : un tourisme pour tous

Pour le public des parcs de loisirs avide de sensations fortes, des attractions simulent des décollages en faisant appel à des centrifugeuses semblables à celles qui servent à entraîner les astronautes. On propose même de véritables "tours d'impesanteur" grâce auxquelles on peut goûter aux joies de la micropesanteur *(voir p. 42)* pendant quelques 3 à 6 secondes ! Des techniques de cinéma Imax, en relief ou dynamique, permettent, le temps d'un spectacle, de voyager vers la Lune, vers Mars, ou de suivre la construction de la Station spatiale internationale *(voir photo)*.

Une firme américaine a entrepris le développement de stations orbitales gonflables. Pour démontrer leur intérêt, un premier module expérimental a embarqué des messages et des objets remis par les employés de la firme. Depuis, la demande d'envoi de biens personnels dans l'espace augmente constamment !

En 1968, dans le film 2001 : l'Odyssée de l'espace, *une navette portait les couleurs d'une compagnie aérienne, la Pan American. Après sa sortie, la compagnie vendit 90 000 tickets pour des vols vers la Lune. Elle disparut en 1991, faisant de ces tickets des objets de collection !*

Demain, le grand départ ?

La formidable aventure humaine qu'est la conquête spatiale s'est construite sur les mythes des grands pionniers et auteurs de fictions, nous laissant croire que la colonisation du cosmos avait commencé. Qu'en est-il aujourd'hui de ce vaste projet ?

Paradoxe de ces 50 années d'aventure spatiale, il nous a fallu quitter la Terre pour comprendre qu'elle est notre bien le plus précieux, notre vaisseau, fragile berceau perdu dans un univers hostile. L'espace a été mis au service de l'homme pour l'aider à communiquer, à diffuser son savoir, à gérer sa planète, à la contrôler et à la préserver. Discrets, invisibles, les satellites font partie du quotidien de l'humanité.

Quarante ans après le « petit pas » d'Armstrong, force est de constater que l'ambition et les rêves des débuts ont fait place à des impératifs de rentabilité et de budget. C'est de la technologie, fortement sollicitée pour répondre à ces objectifs, que naîtront les nouveaux outils et l'espoir de dépasser nos limites actuelles.

Il est difficile aujourd'hui de penser que nous irons un jour au-delà de notre vaste système solaire, mais qui aurait parié, à la veille du lancement de *Spoutnik*, que 12 ans plus tard, l'homme marcherait sur la Lune ? Pour que quelques humains, émissaires d'une éventuelle colonisation, soient en mesure de prendre le départ, il nous faudra unir nos efforts et nos moyens, à l'image de ce qui s'est fait pour la Station spatiale internationale, et tenter dans un premier temps l'aventure martienne qui, certainement, réveillera l'enthousiasme de l'humanité.

L'avenir de l'aventure spatiale appartient aux générations futures, qui n'ont pas vécu ses premiers pas. Vers quels horizons leurs rêves les porteront-ils ?

La deuxième génération de cosmonautes de la planète Terre est en marche : Sergeï Volkov, le premier cosmonaute fils de cosmonaute, suit son entraînement à la Cité des étoiles. Il s'envolera au printemps 2008 pour une mission vers l'ISS, 23 ans après le voyage de son père, Alexandre, vers Saliout 7.

De nouvelles techniques de propulsion sont envisagées pour les futurs vols spatiaux lointains. Beaucoup plus économiques et plus légers que les moteurs-fusées, les moteurs ioniques ont été testés avec succès sur la sonde* Deep Space 1 *et plus récemment sur l'européenne* Smart One.

Vue d'artiste d'une excursion martienne.

Des études sur la colonisation spatiale ont été menées bien avant les premiers pas de l'homme dans l'espace. La sphère de Bernal, par exemple, immense coquille creuse offrant à plus de 20 000 personnes un habitat autosuffisant en orbite, a été envisagée dès 1929.

Pour pallier l'inimaginable durée des expéditions au travers de l'univers, les auteurs de science-fiction ont développé le concept de "vaisseaux générations" : les personnes peuplant ces vaisseaux au fur et à mesure du voyage ne seront pas de la même génération que celles qui auront pris le grand départ...

Lexique

Attraction
Force qui attire vers un objet – étoile, planète ou autre corps céleste – les objets qui se trouvent à proximité. Elle découle de la gravité.

Champ magnétique et gravitationnel
Ensemble des forces d'origine magnétique et des forces de gravitation produites par un corps céleste. Ces forces ne s'exercent pas nécessairement de manière homogène tout autour de l'astre considéré, mais peuvent varier en fonction de sa structure et de sa composition.

Dépressurisation
Baisse ou perte de la pression maintenue artificiellement dans un véhicule spatial. Elle peut être volontaire (pour préparer une sortie extravéhiculaire) ou accidentelle (liée à une fuite d'air vers l'extérieur).

Ergols
Substances employées pour alimenter un moteur-fusée. Il peut s'agir d'un carburant, d'un comburant ou d'un composé des deux. Les ergols se présentent sous forme solide (pâteuse) ou liquide ; utilisés pour la propulsion des engins, ils sont souvent appelés propergols.

Gravité
Force d'attraction exercée par un objet sur un autre, et qui varie selon leurs masses et la distance qui les sépare. Les satellites, naturels ou artificiels, gravitent autour de l'astre qui les attire.

Guerre froide
Période d'affrontement diplomatique entre les deux grandes puissances, États-Unis et URSS, et leurs zones d'influence réciproques ; elle débuta à l'issue de la Seconde Guerre mondiale et prit fin avec l'effondrement de l'URSS.

Magnétosphère
Zone d'influence magnétique d'un astre.

Mise à poste
Ensemble des manœuvres nécessaires au positionnement d'un satellite sur sa trajectoire définitive.

Microgravité
État dans lequel les forces gravitationnelles agissant sur un corps sont quasi nulles. Par un abus de langage, on parle de recherches en microgravité dans les stations orbitales, alors qu'il s'agit de micropesanteur.

Moteur ionique
Propulseur basé sur le principe d'action-réaction et fonctionnant par accélération électrique de particules chargées (et non par éjection de grandes quantités de gaz comme les moteurs-fusées classiques). Ce type de moteur est très économique, mais sa poussée est limitée.

Orbite basse
Trajectoire d'un satellite ou d'un véhicule spatial gravitant à une altitude généralement comprise entre 200 et 700 km.

Oxydant
Se dit d'une substance qui a la capacité de libérer de l'oxygène lors d'une combustion.

Parabole
Trajectoire en forme de cloche caractérisée par une forte pente de la montée et de la descente.

Plasma
Fluide composé de molécules gazeuses, d'ions et d'électrons.

Vitesse de satellisation
Vitesse que le lanceur doit transmettre à sa charge utile pour compenser l'attraction terrestre (ou l'attraction de l'astre de départ) et permettre sa mise en orbite.

Volume interne pressurisé
Volume habitable d'un engin spatial, dans lequel on maintient artificiellement la pression de l'air pour que la vie soit possible.

Index

Références iconographiques

1re de couverture, dessin : Ch. Jégou ; hg : RIA NOVOSTI ; hd : NASA – 4e de couverture hd : NASA – page de titre : NASA – 3 : AKG-IMAGES – 4 h : JPL/NASA ; m : NASA ; b : Mir-Crew/JSC/NASA – 5 h : NASA ; bg : ESA/NASA – 6 bg : JPL/NASA ; hd : Silicon World/ESA ; bd : NASA – 7 h, mg et md : NASA ; bg : D. Ducros/ESA – 8 bg : Bettmann/CORBIS ; hd : AKG-IMAGES – 9 : AKG-IMAGES – 10 : MSFC/NASA – 11 mg, hd : MSFC/NASA ; bd : D. Saulnier/SUNSET – 12 bg : RIA NOVOSTI ; bd : J.-L. Guérin – 13 h : HQ/NASA ; b : Serge Gracieux – 14 hd : ullstein bild/AKG-IMAGES ; bg : AKG-IMAGES ; md : MSFC/NASA – 15 hg : HQ/NASA ; hd : KSC/NA/NASA ; bg : Serge Gracieux – 16-17 : A. Bonnefoy – 18 hg, md : RIA NOVOSTI ; bg : HQ/NASA – 19 hd : Serge Gracieux ; bg : Sputnik 2/NASA – 20 : LARC/NASA – 21 hd : S. Soubbotine/RIA NOVOSTI ; mg : RIA NOVOSTI ; bd : JSC/NASA – 22 hd : HQ-GRIN/NASA ; md : KSC/NASA ; bd : RIA NOVOSTI – 23 : JSC/NASA – 24-25 : Coredoc – 26-27 : JSC/NASA – 28 hg : JSC/NASA ; b : JSC/Alan Bean/NASA – 29 hd : JSC/NASA ; mg : RIA NOVOSTI ; bd : V. Meens – 30 hd : NASA ; bg : Clementine Science Group, Lunar and Planetary Institute/NASA – 31 : NASA – 32 hg : HQ/NASA ; b : Tezio – 33 hd : JSC/NASA ; mg : RIA NOVOSTI ; bd : Serge Gracieux – 34 hd : J. Langevin/CORBIS SYGMA ; b : KSC/NASA – 35 hd : DR ; carte et drapeaux : les PAOistes – 36 hd : KSC/NASA ; bg : HQ/NASA – 37 h : NASA ; bd : KSC/NASA – 38 : Mir-Crew/JSC/NASA – 39 hd : RIA NOVOSTI ; mg : STS-89 Crew/NASA ; bd : Ciel & Espace – 40 : NASA – 41 mg : ESA ; bd : NASA – 42-43 : NASA – 44-45 : NASA – 46-47 : ESA – 48-49 dessins : Coredoc ; photo bd : NASA – 50 h : NASA ; b : GSFC/MITI/ERSDAC/JAROS/US-Japan ASTER Science Team/NASA – 51 hg : ESA ; bg : R. Sinier ; bd : ESA – 52 h : Nation Wong/CORBIS – b : D. Ducros/ESA – 53 bg : GSFC/NASA ; bd : W. Faidley/CORBIS – 54 hg : J. Coulter/Illustration Works/CORBIS ; md : W. McNamee/CORBIS ; bg : Coredoc – 55 hd : E. Preau/Sygma/CORBIS ; bg : P. Eranian/CORBIS ; bd : J. Huart/ESA – 56 hd : JPL/Caltech/NASA ; bg : GSFC/NASA ; bd : NASA – 57 hd : D. Ducros/CNES/ESA ; bg : ESA/NASA – 58 hg : NASA ; md : JPL/ESA/NASA ; b : NASA – 59 hg, bg : JPL/NASA ; hd, bd : NASA – 60 hd : NASA ; bg : JPL/NASA ; bd : GSFC/NASA – 61 hg : FU Berlin (G. Neukum)/DLR/ESA ; hd : NASA – 62-63 : NASA – 64 hd : NASA ; bg : University of Arizona/JPL/ESA /NASA – 65 hd : NASA ; b : JHUAPL/SwRI/NASA – 66-67 globe : NASA ; photos 1 et 3 : RIA NOVOSTI ; photos 2, 5 à 9, 11, 12, 13, 15 à 20, 22 : NASA ; photo 4 : Cité des télécoms ; dessin 10 : Tezio ; photos 14 et 21 : ESA – 68 bd : J. Mai/ESA – 69 bg : P. Aventurier/ESA – 70 hd et bd : ESA ; bg : Corvaja/ESA – 71 hg : Studio Pastre ; hd : JPL/NASA ; b : A. Gonin/ESA – 72 hg : Imagezoo/Images.com/CORBIS ; md : Scaled Composites ; bg : NASA – 73 hd : Espace Magazine ; bg : IMAX – 74-75 : NASA.

Les pictogrammes illustrant la frise ont été dessinés par Nicolas Julo.
Les images DVD sont extraites du film *Voyage autour du Soleil* (BBC).

L'éditeur tient à remercier la Cité de l'Espace, l'ESA, Espace Magazine, Vincent Meens, Philippe Pastre et Tezio pour leur aimable coopération.

VOIR LES ANIMAUX

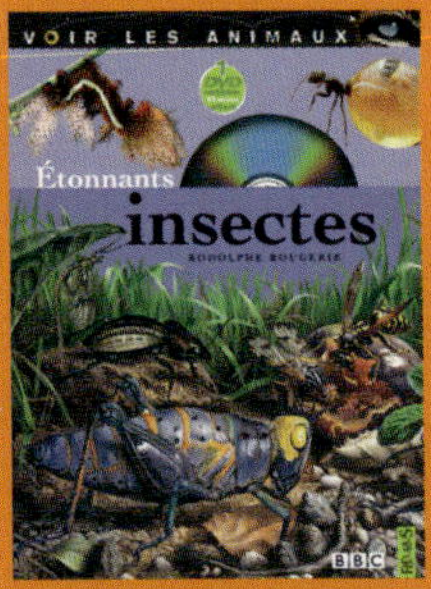

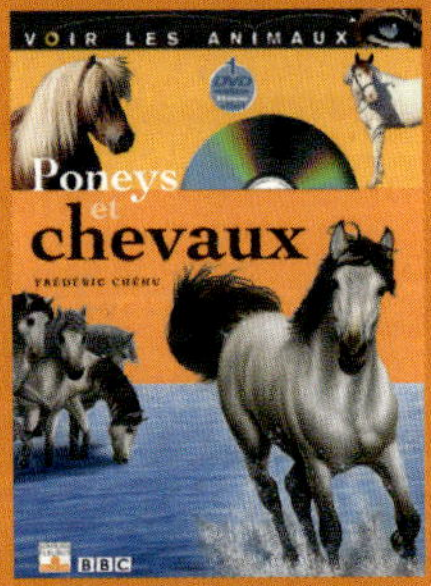

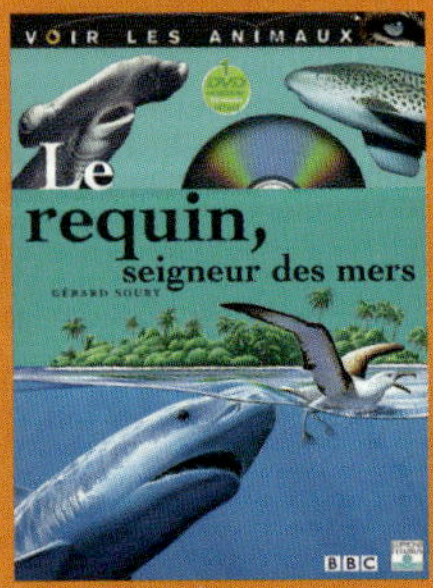

VOIR L'HISTOIRE

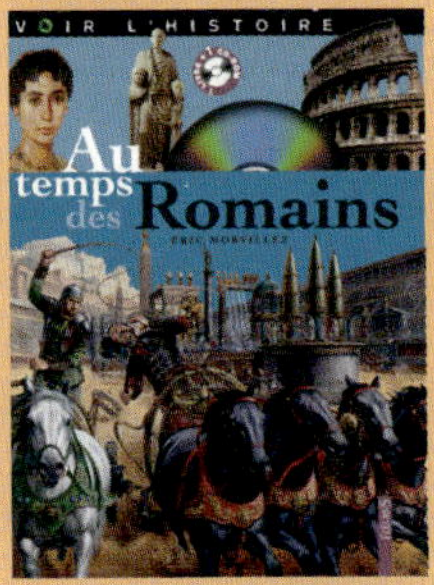

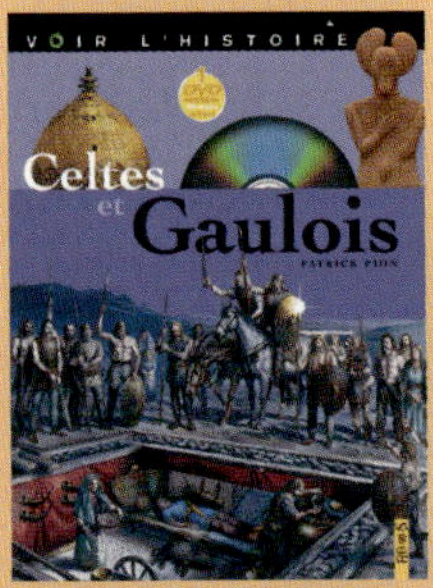

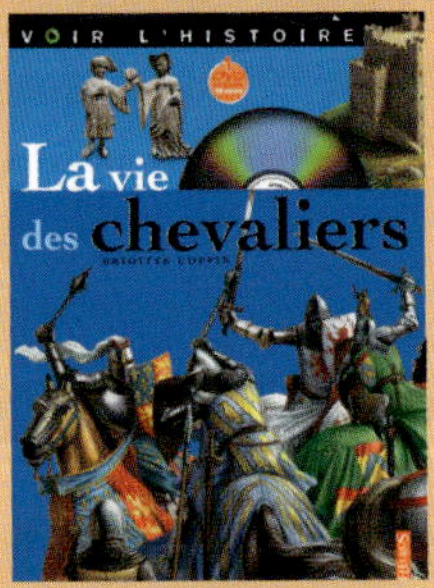

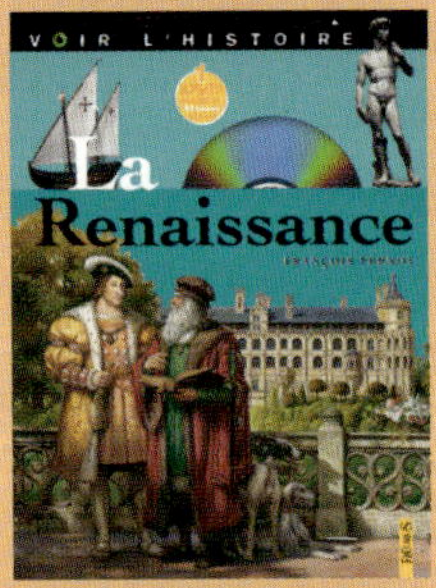

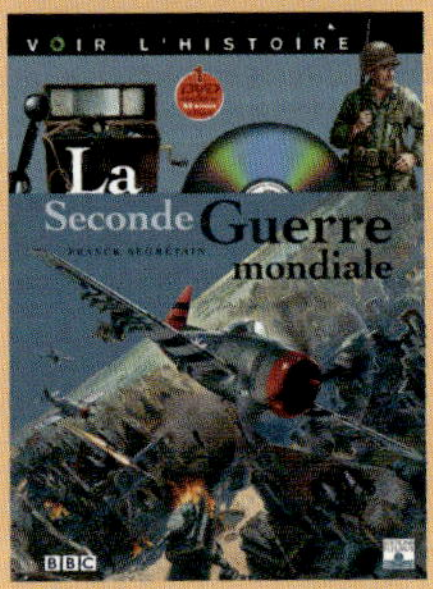